L.-J. TRONCET

Le Jardin potager

PARIS — LIBRAIRIE LAROUSSE.

LE
JARDIN POTAGER

SIXIÈME ÉDITION

LE
JARDIN POTAGER

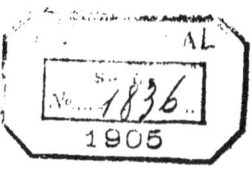

Par L.-J. TRONCET

Établissement d'un potager — Travaux préparatoires
Travaux courants de jardinage — Culture naturelle et culture forcée
des légumes de France — 390 variétés — Soins particuliers
Récolte et conservation — Porte-graines — Ennemis et maladies

OUVRAGE ILLUSTRÉ
DE 190 GRAVURES EN NOIR ET EN COULEURS

PARIS
LIBRAIRIE LAROUSSE
17, rue Montparnasse, 17
Succursale : Rue des Ecoles, 58 (Sorbonne)

Tous droits réservés

PRÉFACE

Nous nous sommes proposé, dans cet ouvrage, de donner à chacun de nos lecteurs les moyens d'établir un jardin potager et d'y cultiver avec succès les principaux légumes qui croissent en France.

Nous pensons n'avoir rien omis pour atteindre ce but.

Nous avons examiné les écrits des horticulteurs les plus autorisés, parmi lesquels nous citerons : Courtois-Gérard, Decaisne, Dybowski, Foussat, Gressent, Heuzé, Joigneaux, La Quintinie, Naudin, Noisette, Poiteau, Vilmorin-Andrieux et Cie.

Nous avons, en outre, fait appel aux connaissances d'un spécialiste très compétent, M. D. Bois, assistant au Muséum d'histoire naturelle et secrétaire-rédacteur de la Société nationale d'Horticulture de France, dont les travaux sont justement estimés. M. D. Bois s'est mis gracieusement à notre disposition et nous a très obligeamment secondé dans notre tâche; nous ne saurions assez le remercier ici de sa précieuse collaboration[1]

---

[1]. Parmi les travaux récents de M. D. Bois, nous nous faisons un devoir de citer le *Dictionnaire d'horticulture*, publié par la librairie Klincksieck, ouvrage rédigé par un groupe d'auteurs des plus autorisés, sous la direction de M. Bois; il donne des détails précis sur tout ce qui a trait à la science horticole et mentionne scrupuleusement les progrès accomplis jusqu'à ce jour.

MM. Vilmorin-Andrieux et Cie ne nous ont pas seulement permis de prendre, dans leurs ouvrages, quelques renseignements que nous avons jugé utiles; ils nous ont encore autorisé à choisir, dans leurs magnifiques collections de gravures, tous les sujets, en noir et en couleurs, les plus convenables à l'illustration de notre texte, et, grâce à une convention établie entre eux et la Librairie Larousse, nous pouvons offrir à nos lecteurs un livre luxueusement illustré, pour un prix extrêmement modique.

Toutes les figures qui ne proviennent pas des collections de MM. Vilmorin-Andrieux et Cie sont dues à la plume de MM. J. Druillet et A.-L. Clément, deux de nos plus habiles dessinateurs.

Enfin, nous nous sommes attaché surtout à rédiger ce volume dans un langage simple et clair que tout le monde puisse comprendre à première lecture, sans avoir fait aucune étude préparatoire.

L.-J. Troncet.

LE JARDIN POTAGER

PREMIÈRE PARTIE

CULTURE POTAGÈRE

CHAPITRE PREMIER

ÉTABLISSEMENT D'UN POTAGER

Lorsqu'on veut établir un jardin potager, on doit choisir, pour le mettre en culture, un terrain situé à une petite distance de l'habitation, de manière à ce qu'on y puisse prendre à toute heure les légumes destinés à la consommation immédiate. Toutefois, ce terrain ne doit pas être tellement rapproché qu'on ait à redouter les odeurs dégagées par le fumier des couches.

Il est nécessaire d'avoir de l'eau à sa disposition dans le jardin même, car la culture des plantes potagères réclame de nombreux arrosages : dans un sol médiocre, mais bien approvisionné d'eau, on peut toujours cultiver les légumes, tandis que dans une terre de première qualité qu'on ne peut arroser, il est presque impossible de les faire croître.

Pour permettre l'écoulement des eaux de pluie, il est bon que le sol du potager soit légèrement en pente ; ajoutons que, la terre étant constamment remuée dans l'une ou l'autre de ses parties, et les planches de légumes n'ayant pas toujours un aspect des plus agréables, il n'est pas mal d'en masquer un peu la vue, ce qu'on fait au moyen des clôtures, dont nous parlerons tout à l'heure.

Exposition.

Il n'est pas de règle rigoureuse pour déterminer l'exposition du potager ; on conçoit aisément, en effet, que sa situation doit varier non seulement avec les conditions climatériques du lieu où on l'établit, mais encore avec les plantes qu'on y cultive. Quoi qu'il en soit, nous dirons que dans le nord et le centre de la France l'exposition du sud est souvent la meilleure ; dans un climat sec et chaud, au contraire, celui du Midi par exemple, il faut préférer l'exposition qui donne aux plantes l'ombre nécessaire pour les empêcher d'être brûlées par un soleil trop ardent.

Il est d'usage, dans quelques provinces, de placer des arbres fruitiers à côté des légumes. Ce procédé, excellent pour les régions méridionales, est loin d'être avantageux pour les climats plus septentrionaux, où les arbres situés dans le potager empêchent les cultures placées à leur pied de recevoir directement les rayons solaires. On devra donc, dans ce cas, éviter de planter des arbres fruitiers dans l'enclos réservé aux plantes potagères, à moins, toutefois, qu'on ne les dispose en espalier [1].

Clôtures.

Les clôtures les plus parfaites sont assurément les murs, qui brisent les vents, permettent de former des espaliers et constituent un excellent moyen de protection. On les élève généralement à une hauteur de 2 mètres, et on leur donne la couleur blanche, celle qui renvoie le mieux la chaleur du soleil. Leur principal inconvénient est dans le prix de revient relativement élevé de leur construction.

Les haies vives, assez souvent employées, sont loin d'offrir les mêmes avantages ; elles donnent asile à de nombreux insectes et animaux nuisibles dont il est fort difficile d'éviter les atteintes, et,

---

1. Pour la formation des espaliers, voir *Arboriculture pratique*, par Troncet et Deliège. (Même librairie).

d'autre part, comme elles empruntent au sol ses éléments nutritifs, celui-ci ne donne que de maigres produits dans leur voisinage. Au reste, elles sont souvent endommagées par les animaux domestiques pendant les premières années de leur formation, et ne protègent pas suffisamment le potager.

Brise-vent.

Les clôtures de bois, les treillages en fil de fer galvanisé sont assez fréquemment usités, bien qu'ils n'opposent qu'une faible résistance à l'action des vents; on peut les compléter par des brise-vent, comme le font quelques horticulteurs. Ces brise-vent, auxquels on donne une hauteur de 1^m,50 environ, sont généralement construits en paille de seigle.

Nature du sol.

Le sol le plus propre à la culture potagère est celui dont les divers éléments sont mélangés en proportion convenable [1]; il est alors facile à travailler et on le désigne sous le nom de sol meuble.

La terre est de qualité inférieure lorsque l'un des éléments est en trop grande quantité : elle est dite forte si l'argile est en excès ; elle est dite légère si c'est l'élément calcaire ou l'élément siliceux qui domine.

Les terrains argileux sont souvent fort difficiles à travailler et conservent presque toujours beaucoup trop d'humidité ; ils sont cependant préférables aux terrains siliceux, qu'on laboure plus aisément, il est vrai, mais qui se dessèchent relativement vite.

---

1. Les éléments constitutifs du sol sont l'argile, la silice et le calcaire. L'humus ou terreau provient de la décomposition des matières végétales ou animales.

Toutefois, les uns et les autres ont leurs avantages : les premiers sont propres à la culture des gros légumes, tels que le chou-fleur, l'artichaut, le cardon ; les sols calcaires ou siliceux peuvent être ensemencés de bonne heure, car ils se réchauffent dès les premiers jours du printemps. En été, les terres fortes doivent être fréquemment binées, et les terres légères, arrosées abondamment.

Dans le cas où l'un des éléments se trouve en proportion trop considérable, il faut amender le sol en ajoutant une certaine quantité de l'élément manquant : du sable par exemple aux sols argileux, de la marne aux sols siliceux, de l'argile aux terrains calcaires.

On emploie fréquemment aussi des amendements formés de matières organiques ; nous aurons occasion de revenir sur cette question au sujet des engrais.

Travaux préparatoires.

Lorsqu'on veut mettre un terrain neuf en culture, on pratique préalablement quelques opérations importantes. Le défoncement, qui est la plus difficile et la plus coûteuse de ces opérations, a pour but d'ameublir le sol à une grande profondeur. S'il y a lieu, on arrache et on brûle les herbes sèches avant de l'effectuer ; leurs cendres répandues sur le sol fourniront un amendement excellent.

Pour procéder au défoncement, on creuse à la pioche, à l'une des extrémités du terrain, une tranchée de $1^m,50$ à 2 mètres de largeur sur 60 à 80 centimètres de profondeur ; la terre qu'on retire est portée à l'extrémité opposée du jardin. On creuse ensuite, à côté de la première, une seconde tranchée dont la terre sert à combler celle-ci, et ainsi de suite, jusqu'à ce qu'on arrive à la dernière tranchée, qu'on remplit avec la terre retirée de la première. Pendant ce travail les pierres ont été mises de côté pour servir à la formation des allées. Après le défoncement on brise les mottes, puis on égalise la partie superficielle du sol. Il va sans dire que lorsque le sous-sol est de mauvaise composition il faut éviter de le ramener à la surface.

Lorsqu'on ne juge pas nécessaire de défoncer le sol, on doit au moins le retourner à la bêche sur une profondeur de 20 à 30 centimètres.

La terre étant bien ameublie par un défoncement suivi de labour ou par un simple labour à la bêche, il s'agit de la répartir convenablement. Le jardin ayant presque toujours une forme régulière, cette opération est relativement facile. On pourra le diviser en deux parties égales par une allée principale de 1^m,50 à 2 mètres de largeur, qu'on tracera bien rectiligne au moyen du cordeau. On déterminera de la même façon une allée de 60 centimètres à 1 mètre de large, faisant tout le tour de l'enclos, située à une distance des clôtures d'environ 2 mètres et laissant ainsi, sur les bords, des bandes de terre qu'on appelle *côtières*. Dans les régions septentrionales, les côtières longeant les murs bien exposés devront être plus larges, afin qu'on y puisse cultiver les légumes de première saison. Il restera ensuite à former les plates-bandes, qui peuvent avoir de 1^m,50 à 2 mètres de largeur. Pour cela, on tracera à la distance voulue, et toujours au moyen du cordeau, des sentiers perpendiculaires à l'allée principale, auxquels on donnera une largeur de 30 à 40 centimètres.

Les allées sont empierrées et tassées, puis recouvertes d'une couche de sable de 3 à 4 centimètres.

CHAPITRE II

LES ENGRAIS

Quelle que soit la nature du sol dans lequel on établit le jardin potager, il est nécessaire, pour obtenir des légumes vigoureux et de bonne qualité, de lui fournir des matières fertilisantes, autrement dit des engrais. Les engrais auxquels on a recours sont le fumier, le paillis, le terreau et les engrais chimiques, que nous allons examiner successivement.

Fumier.

Le fumier est formé principalement par les déjections des animaux domestiques. Le plus convenable pour la culture potagère est le fumier de vache; mais le fumier de cheval, à demi-consommé, est aussi un excellent engrais : on l'emploie surtout pour la culture des primeurs, car il dégage, pendant la fermentation, une certaine quantité de chaleur que l'on met à profit. Le fumier de mouton, celui des poules ou poulinée, celui des pigeons ou colombine, le guano, sont également très efficaces; la boue des villes ou gadoue, les plantes marines telles que le varech, les râpures d'os, le tourteau de colza et tous les résidus organiques peuvent aussi servir à l'amélioration des terrains. Le fumier humain lui-même donne de très bons résultats; malheureusement on ne l'emploie pas aussi souvent qu'on le pourrait, car certains jardiniers éprouvent de la répugnance pour cet engrais. On peut, avant de l'utiliser, le désinfecter avec de la poudre de charbon, de la sciure de bois, du crottin de cheval ou du sulfate de fer à raison de 2 kilogrammes par mètre cube.

Le fumier des bestiaux est généralement mis en terre à la fin de l'automne ou au commencement de l'hiver. On emploie chaque année, pour cette opération, 300 kilogrammes environ de fumier par are. Dans les jardins où l'on pratique la culture sur couche, le fumier des couches, à moitié consommé, peut servir d'engrais pour les autres parties du jardin. L'engrais humain, s'il est desséché, prend le nom de poudrette et se mélange au sol comme les engrais animaux; sinon il prend le nom d'engrais flamand et on le répand par arrosages après l'avoir laissé fermenter pendant quelque temps; le guano, la poulinée, la colombine, sont délayés dans de l'eau, puis répandus de la même manière ; le purin, versé sur les plates-bandes, produit presque toujours d'heureux effets.

Paillis.

On appelle paillis une couche de fumier court, à moitié consommé, que l'on étend à la surface du sol, soit pour favoriser la levée des graines, soit pour conserver une certaine fraîcheur aux terres qui réclament de fréquents arrosages. Le paillis, auquel on donne une épaisseur de 4 à 5 centimètres, est souvent formé avec le fumier provenant des couches. On l'applique seulement, à partir de la fin d'avril, sur les planches en culture; placé plus tôt, il retient dans le sol un excès d'humidité qui donnerait prise aux gelées. Lorsqu'en automne le paillis est enterré par les labours, il agit comme matière fertilisante.

Terreau.

Le fumier, arrivé à son dernier degré de décomposition, prend le nom de terreau. Les tas de fumier, abandonnés à eux-mêmes, arrivent toujours à cet état, mais le terreau qu'on emploie dans la culture potagère provient la plupart du temps d'anciennes couches. Beaucoup de cultivateurs réservent cependant, dans un coin du potager, un petit emplacement où sont jetés les épluchures des légumes, les vieilles feuilles, les herbes sèches, les chiffons même dans le but de les convertir en terreau. On les arrose avec les eaux ménagères, et, lorsque le tout est suffisamment décomposé, on peut l'employer comme amendement; son action est des meilleures sur les cultures : il rend plus meubles et plus légers les sols compacts.

Remarquons ici que les plantes portant des graines mûres et celles qui sont atteintes de maladies cryptogamiques ne doivent pas être jetées telles sur le fumier. Les premières y donneraient inutilement naissance à des plants qui emprunteraient au terreau leur nourriture ; les secondes altéreraient toute la masse, qui deviendrait rapidement une source de contamination. Il faudra donc brûler les plantes qui se trouveraient dans l'une ou l'autre de ces conditions, et jeter ensuite leurs cendres sur le terreau.

Engrais chimiques.

Si l'on ne restituait pas à la terre les principes nutritifs qu'on lui enlève par la culture, le sol ne tarderait pas à s'appauvrir ; il est donc indispensable, pour lui conserver sa fertilité, de lui fournir des engrais en quantité suffisante. Les engrais organiques peuvent assurément contribuer, dans une certaine mesure, à rendre productifs les terrains épuisés ; mais, comme le fumier fait souvent défaut, on a recours, pour compléter l'action des engrais animaux et végétaux, à des engrais complémentaires, c'est-à-dire aux engrais minéraux appelés encore engrais chimiques.

Les substances nutritives que réclament les plantes sont de plusieurs sortes ; on en compte quatre principales : l'azote, l'acide phosphorique, la potasse et la chaux ; de là quatre espèces d'engrais minéraux : les engrais azotés, les engrais phosphatés, les engrais potassiques et les engrais calcaires.

Les engrais azotés les plus employés sont :

Le *sulfate d'ammoniaque*, qui contient ordinairement 19 à 20 pour 100 d'azote ; on le retire habituellement des eaux d'égout ou des eaux qui servent à la purification du gaz d'éclairage ;

Le *nitrate* ou *azotate de soude*, contenant 15 à 16 pour 100 d'azote, qui nous arrive ordinairement du Chili ;

Le *nitrate* ou *azotate de potasse*, qui n'est autre que ce qu'on appelle ordinairement salpêtre ; il donne seulement 13 pour 100 d'azote, mais contient de la potasse dans la proportion de

44 pour 100, ce qui le met aussi au rang des engrais potassiques.

Les principaux engrais phosphatés sont :

Le *phosphate de chaux*, qu'on tire des os et des phosphates minéraux ; presque toujours insolubles, ces derniers ne deviennent solubles que traités par l'acide sulfurique ; ils prennent alors le nom de *superphosphates* ou *phophates acides de chaux ;*

La *poudre d'os,* les *os* dont on a tiré la gélatine, le *noir animal* ayant servi à raffiner le sucre sont aussi des engrais phosphatés et azotés très actifs.

Les engrais potassiques les plus usités sont :

Le *chlorure* et le *sulfate de potassium*, souvent mélangés ensemble et contenant de 25 à 50 pour 100 de potasse ; ils nous viennent en grande quantité d'Allemagne ;

Les *cendres de végétaux,* fort longtemps employées, mais contenant moins de principes fertilisants ;

Les *résidus* de la fabrication du sucre et de la distillation des betteraves.

Les principaux engrais calcaires sont :

La *chaux*, qu'il faut éviter de mélanger au fumier, car elle met en liberté l'ammoniaque qu'il contient ; on la répand par petits tas qui sont ensuite recouverts de terre ;

La *marne*, mélange de *carbonate de chaux* ou craie et d'argile, qu'on emploie comme la chaux ;

Enfin le *plâtre* ou *sulfate de chaux*, dont l'usage est assez répandu.

Le sol doit contenir en proportion convenable les quatre éléments nutritifs : azote, acide phosphorique, potasse, chaux. On peut employer, pour les fournir aux terres épuisées, un mélange ainsi formé dont on répand 100 grammes par mètre carré : nitrate de soude 2 à 4 parties, superphosphate de chaux 3, chlorure de potassium 1, plâtre 4, sulfate de fer 1 pour 100 du mélange.

Le mélange suivant, recommandé par M. Grandeau, est utilisé après avoir été dissous dans l'eau à raison de 1 gramme par litre : phosphate d'ammoniaque 30 grammes, nitrate de potasse 45, nitrate de soude 15, sulfate d'ammoniaque 10.

CHAPITRE III

INSTRUMENTS DE JARDINAGE

Nous ne nous occuperons pas ici des nombreux instruments qui ont été imaginés dans le but de faciliter les travaux horticoles et dont la plupart, pour être employés utilement, réclament une certaine habileté que l'on n'acquiert que par la pratique. Nous nous bornerons à étudier successivement les divers outils qui sont d'un maniement facile et d'un usage courant.

L'*arrosoir* peut être en zinc, en fer-blanc, en cuivre jaune ou en cuivre rouge. On donne ordinairement la préférence aux arrosoirs en cuivre rouge, qui sont les plus durables. Les arrosoirs ont une capacité de 10 litres environ ; ils sont munis d'une pomme mobile percée d'un très grand nombre de petits trous.

La *bêche*, dont la forme et les dimensions varient suivant les régions, sert à exécuter les labours. Elle se compose d'une lame plate en acier trempé, munie d'une douille dans laquelle est enfoncé le manche.

La *pioche* est employée pour les défoncements et les labours profonds ; elle est très utile pour travailler les sols durs ou pierreux qu'on ne pourrait entamer avec un autre instrument.

La *houe* sert à remuer la terre et à trancher les mauvaises herbes. Elle est formée d'une large lame munie d'une douille dans laquelle pénètre le manche.

La *binette*, qui peut affecter plusieurs formes, est employée comme la houe pour trancher les mauvaises herbes et remuer la terre, afin d'en ameublir la partie superficielle et de permettre à l'air de la pénétrer ; elle porte une lame tranchante d'un côté et deux longues dents de l'autre.

La *serfouette* est une sorte de petite binette dont la lame, tranchante d'un côté, ne porte de l'autre qu'une seule dent élargie vers le milieu ; on l'emploie pour biner et pour tracer les rayons et les limites des allées en suivant le trait indiqué par le cordeau.

INSTRUMENTS DE JARDINAGE.

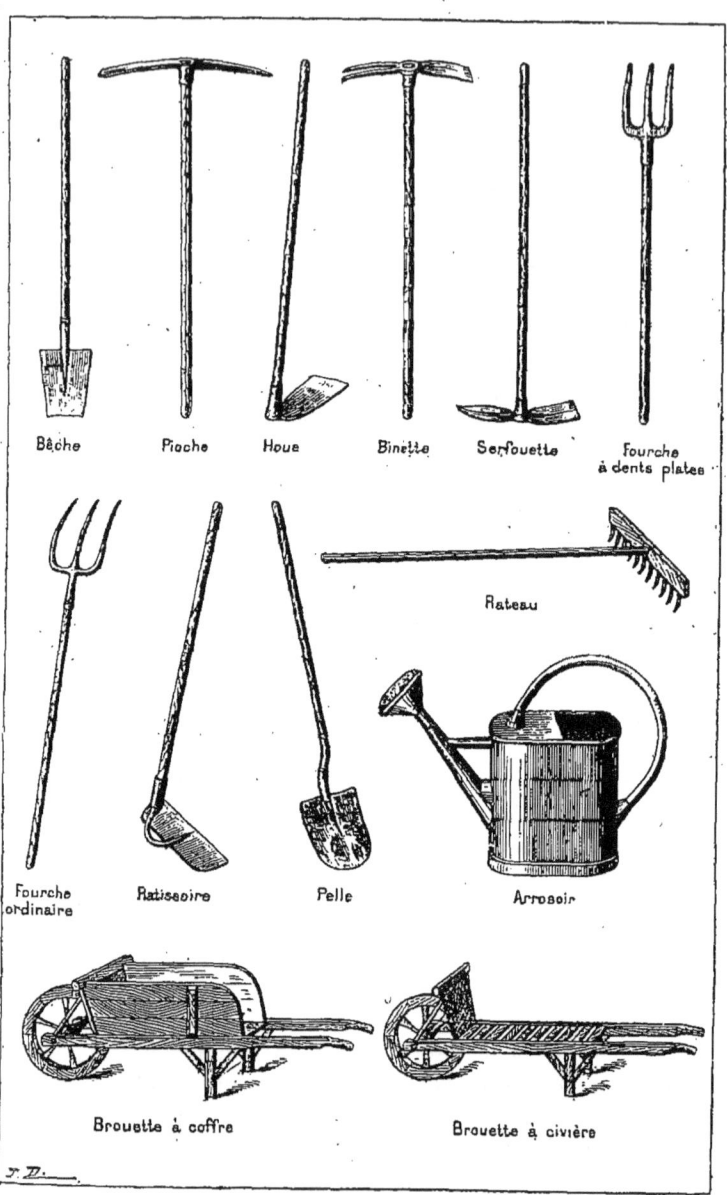

LE POTAGER.

La *fourche à dents plates* sert à labourer, comme la bêche ; mais on l'emploie surtout pour des travaux plus particuliers, par exemple pour remuer la terre au pied des arbres, travail que la bêche ne pourrait exécuter sans blesser les racines. Les dents sont au nombre de deux ou trois.

La *fourche ordinaire* est composée de deux ou trois grandes dents légèrement courbées réunies à un manche par une douille ; elle sert à charger le fumier, faire les couches, briser les mottes de terre, herser les semis, etc.

Le *râteau* est utilisé pour épierrer, nettoyer les allées, unir le sol après le labour et herser les semis. Le râteau peut être en bois avec des dents de fer ou entièrement en fer.

La *ratissoire*, qui sert à sarcler et à ratisser les allées, présente deux types : la *ratissoire à pousser* et la *ratissoire à tirer* ; la douille de cette dernière est recourbée pour permettre de ramener à soi l'instrument pendant le travail.

Les *pelles* sont de formes et de dimensions très variables ; elles peuvent être en bois ou en fer ; elles servent à charger et à décharger la terre, le fumier, etc.

La *brouette* affecte diverses formes. On se sert de brouettes à coffre portant deux côtés pour retenir la charge, et de brouettes à civière dont le fond est formé de barres transversales. Les premières servent à transporter la terre et les engrais ; les secondes peuvent porter des charges plus encombrantes, telles que paille, paillassons, arrosoirs remplis d'eau, etc.

Le *déplantoir* se compose essentiellement d'une large lame recourbée en forme de demi-cylindre ; il sert à tirer du sol, sans froisser les racines, les jeunes plants qu'on veut transplanter.

Le *plantoir*, fréquemment employé dans les semis et les repiquages, est un simple morceau de bois fusiforme de 20 à 30 centimètres de longueur. Son extrémité peut être garnie de fer ou de cuivre.

Le *cordeau* est principalement utilisé pour tracer les allées et les sentiers, et dessiner les rayons des semis. Il est facile de le construire soi-même en attachant à deux piquets les extrémités d'une corde ayant une quarantaine de mètres de longueur.

Les *châssis*, destinés à favoriser la croissance des légumes qui ne viendraient que plus tardivement à l'air libre, sont formés de

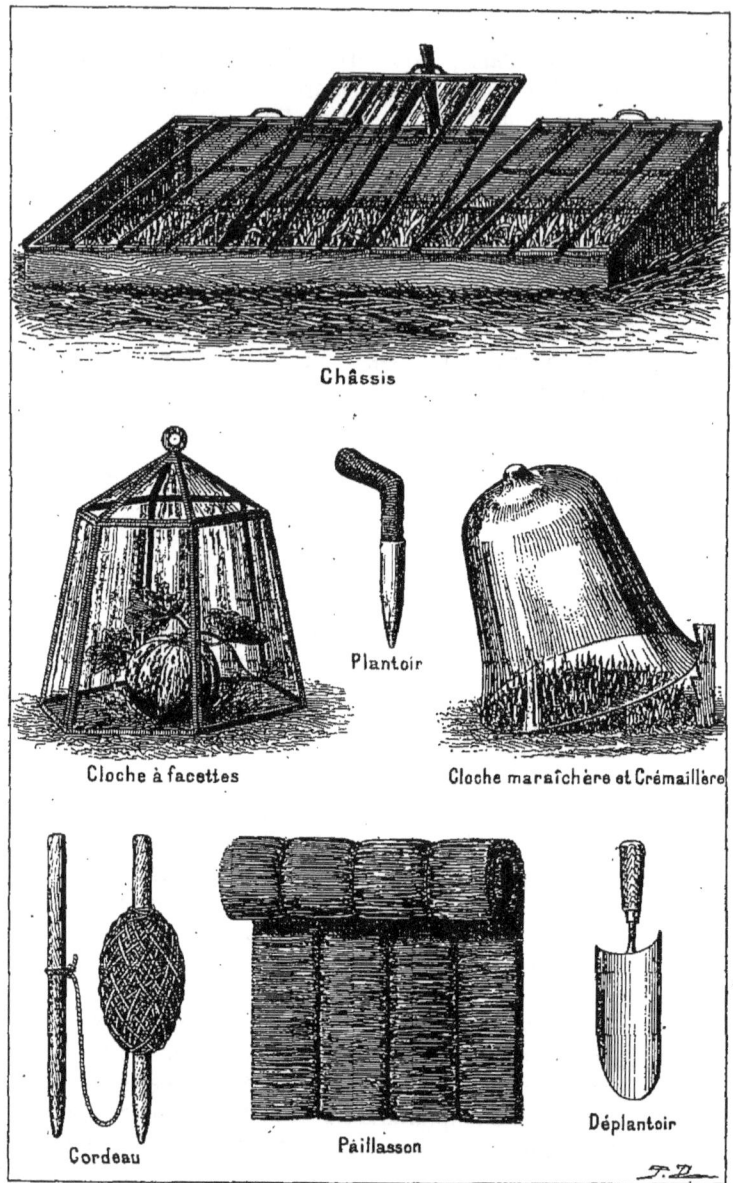

deux parties principales : le *coffre* et les *panneaux*. Le coffre est une sorte de caisse sans fond qui soutient les panneaux vitrés, de façon à ce que ceux-ci soient légèrement inclinés. Le modèle le plus usité porte trois panneaux ; sa longueur est de 4 mètres ; sa largeur de 1^m,33 ; sa hauteur de 33 centimètres en arrière et de 26 centimètres en avant. Les panneaux sont des cadres de bois ou de fer de 1^m,33 de largeur sur 1^m,36 de longueur, divisés par les traverses auxquelles sont fixées les vitres.

Les *paillassons*, formés de paille de seigle, sont en général un peu plus grands que les châssis sur lesquels on les étend. Beaucoup d'horticulteurs les construisent eux-mêmes. Placés directement sur le sol, ils préservent les graines et les jeunes plants de la gelée.

Les *cloches* servent au même usage que les châssis ; on distingue les *verrines* ou *cloches à facettes* et les *cloches maraîchères*, les plus communément employées aujourd'hui. Les premières sont formées d'une petite charpente en fer qui porte des vitres plates ; elles coûtent beaucoup plus cher que les secondes et laissent arriver à la plante moins de chaleur et de lumière. Les cloches maraîchères les plus usitées sont en verre incolore et mesurent 40 centimètres de diamètre ; lorsqu'elles viennent à se fendre sans pour cela devenir inutilisables, on peut essayer de les réparer avec du blanc de céruse. Quand on ne veut plus s'en servir, on les place les unes dans les autres en intercalant un peu de paille.

La *crémaillère* est formée par une latte dans laquelle on pratique un certain nombre de crans ; elle sert à soutenir le bord de la cloche au-dessus du sol, afin que l'air puisse pénétrer jusqu'à la plante. Lorsqu'on veut que la cloche soit soulevée de tous les côtés, on la maintient au moyen de trois crémaillères.

CHAPITRE IV

TRAVAUX COURANTS

Lorsque le jardinier sème ou plante les légumes aux époques ordinaires pour les cultiver à l'air libre, sans autres soins que ceux qui sont normalement indispensables à leur croissance, il pratique la *culture naturelle;* lorsqu'il cherche à hâter leur développement par l'emploi des couches, des châssis, des cloches, etc., il pratique la *culture des primeurs;* quand enfin il fait croître à contre-saison des légumes, soit sur couche et sous châssis, soit dans une serre, à l'aide de la chaleur artificielle, le mode de culture employé est dit *culture forcée.* Dans les serres, la chaleur est généralement produite par le chauffage à l'eau chaude au moyen du thermosiphon.

Parmi les différents travaux de jardinage, les uns sont communs aux trois modes de culture, tels sont le semis, le repiquage; les autres, comme le montage des couches, sont particuliers à la culture des primeurs et à la culture forcée. Nous étudierons successivement ces divers travaux en commençant par les plus généraux.

Labour.

Dans la culture potagère, les labours s'exécutent surtout à la bêche; pour qu'ils soient bien faits, l'instrument doit pénétrer à une profondeur variant entre 15 et 30 centimètres, et la terre retirée doit être retournée de façon à ce que la couche profonde soit ramenée à la surface. Toutes les fois qu'on veut semer ou transplanter dans un terrain, un labour doit y être effectué; pendant cette opération, on enterre toutes les herbes qui ne peuvent se multiplier par rejets, mais on a soin d'enlever celles qui pourraient se reproduire de cette manière. A la fin de l'automne et au commencement de l'hiver, au moment des labours pratiqués pour enterrer les engrais, ceux-ci ne doivent pas être enfouis trop profondément, car si les racines des légumes ne pouvaient atteindre la partie fertilisée les amendements ne produiraient aucun effet.

Il faut éviter de labourer après une gelée, car le sol durci ne pourrait être qu'imparfaitement divisé ; immédiatement après une grande pluie, la terre détrempée, formant une masse compacte, ne serait travaillée qu'avec peine.

Semis.

Le mode de reproduction par semis est le plus fréquemment employé pour la multiplication des plantes potagères. Les semis peuvent avoir lieu dès la fin de février, si l'hiver n'est pas trop froid ; mais ce n'est pas une règle rigoureuse, car certains légumes, tels que le pois hâtif de Sainte-Catherine, se sèment au commencement de l'hiver. Les semis alterneront dans la suite avec les récoltes, mais se feront rarement plus tard que le mois de juillet pour les légumes qu'on voudra récolter la même année. Lorsque les graines qui devraient être semées au printemps sont longues à lever, on peut les mettre en terre dès décembre de l'année précédente ; si l'on ensemençait plus tôt, elles germeraient avant l'hiver et les premières gelées détruiraient les jeunes plants.

Les graines doivent être recouvertes d'autant moins de terre qu'elles sont plus petites ; on se contente même, dans certains cas, de répandre un peu de terreau sur les semis. Lorsque, pour un motif ou pour un autre, on tient à ce que la levée soit prompte, on peut, avant de semer, mettre les graines dans un sac de toile et les faire tremper quelque temps dans l'eau.

Semis à la volée. — Les semis peuvent s'effectuer de diverses façons ; la plus simple consiste à prendre les graines dans la main et à les jeter aussi uniformément que possible sur le terrain choisi. C'est ce qu'on appelle semer à champ ou à la volée. Cette opération se fait ordinairement en deux fois, c'est-à-dire qu'on se place successivement sur deux bords opposés de la planche à ensemencer, de façon à en garnir chaque fois la moitié : on évite ainsi de jeter les graines dans les sentiers.

Lorsqu'on est sûr de la qualité des graines, il faut semer clair afin d'obtenir des plants aussi forts que possible ; si malgré cela la levée était trop épaisse, il faudrait éclaircir, c'est-à-dire arracher les pieds les plus faibles pour permettre aux autres de croître librement. On évite ordinairement de semer trop épais en mélangeant un peu de sable fin à la graine.

Après le semis, on herse au râteau ou à la fourche, puis on *plombe*, c'est-à-dire qu'on foule le sol, soit avec un planche, soit avec le dos de la pelle ou du râteau. On arrose s'il y a lieu.

Semis en rayons. — Le semis en rayons consiste à ouvrir au moyen de la serfouette, et en suivant une ligne déterminée par le cordeau, de petits sillons dans lesquels on dépose les graines qu'on recouvre ensuite en hersant le semis ; les binages qui auront lieu plus tard en seront facilités. Une modification du semis en rayons, le *semis en poquets*, s'exécute en faisant avec la serfouette de petits trous dans lesquels on place les grosses graines, telles que celles du haricot, au nombre de deux à cinq.

Repiquage.

Le repiquage est une opération qui a pour effet de faire produire aux plantes un chevelu abondant, et, par suite, de les rendre plus robustes et de retarder la montée en graines. Il consiste à changer les légumes de sol lorsqu'ils ont atteint une certaine grosseur et qu'ils pourraient se nuire les uns aux autres. Pour leur faire subir cette opération, il ne faut pas attendre qu'ils soient trop développés, car alors le repiquage offrirait peu de chances de succès.

Le sol dans lequel on repique doit avoir été préalablement labouré, recouvert d'un paillis, et arrosé si le temps est sec. Le repiquage se fait en lignes tracées au cordeau, espacées suivant le volume que peuvent atteindre les légumes. On fait au moyen du plantoir des trous dans lesquels on place les racines des plantes, puis on comble avec de la terre. On arrose ensuite chaque pied, ce qui tasse le sol autour des racines.

Le repiquage peut encore être effectué dans un petit espace, en pots, sur couche, etc., pour les plantes dont la végétation est de longue durée et qui ont besoin d'être abritées au commencement de leur croissance.

Sarclage.

Le sarclage est une des opérations importantes de la culture potagère; il a pour but d'empêcher les mauvaises herbes de croître à côté des légumes dont elles entraveraient le développement. Le sarclage consiste à arracher ces herbes soit à la main, soit au moyen d'un instrument; il doit être renouvelé aussi souvent qu'il est utile, et surtout lorsque les plants sont encore jeunes.

Dans les allées et les sentiers, on sarcle au moyen de la ratissoire; dans les plates-bandes, c'est surtout à la main que se fait cette opération; mais comme elle serait difficile si le terrain était sec, il faut la pratiquer de préférence après la pluie ou un arrosage, de manière à ne pas soulever le sol, ce qui pourrait déranger ou mettre à nu les racines des plantes à conserver.

Binage.

Comme le sarclage, le binage est une opération qui ne doit pas être négligée; il est surtout utile lorsque le sol a été durci à la suite des pluies ou des arrosements. Le binage s'exécute, suivant les cas, à l'aide de la binette, de la serfouette, ou même de la houe; il ne doit pas être trop profond, de crainte d'occasionner des lésions aux racines des plantes, mais assez cependant pour permettre à l'air d'arriver jusqu'à elles. Il facilite aussi l'accès de l'eau dans les parties profondes du sol, de sorte que l'évaporation se trouve très réduite et la terre se maintient plus longtemps humide.

Le binage peut tenir lieu de sarclage lorsqu'on a soin de

détruire en même temps toutes les plantes nuisibles ; il doit être plus souvent renouvelé dans les terrains compacts que dans les terrains légers ; il devient moins nécessaire lorsque le sol est recouvert d'un paillis.

Arrosage.

On sait que, pour assurer aux légumes une croissance rapide et vigoureuse, il est non seulement utile, mais encore indispensable de les arroser fréquemment.

Dans nos jardins, les arrosements sont exécutés à l'aide d'arrosoirs. Quelquefois, pour faciliter le travail, on a plusieurs réservoirs dans le même potager ; ces réservoirs sont souvent constitués par des tonneaux enfoncés dans le sol et communiquant entre eux par des tuyaux ; comme ils sont aussi en relation avec une pompe, on peut à volonté les remplir tous à la fois.

Le jardinier n'a pas toujours un tel système à sa disposition ; il arrive qu'il tire son eau d'un puits ou d'un cours d'eau ; mais comme la plupart du temps il ne lui est pas possible de faire autrement, il utilise l'eau qui se trouve à sa portée. Nous ferons cependant remarquer que les eaux de pluie sont les meilleures pour les arrosements ; viennent ensuite les eaux courantes des rivières, les eaux de source, les eaux de puits, de pompe et enfin les eaux de mare.

Avant d'utiliser les eaux de puits, on fera bien de les laisser quelque temps à l'air libre, afin qu'elles prennent la température de l'atmosphère et qu'elles s'aèrent suffisamment.

L'heure à laquelle on doit arroser varie suivant les saisons. En été, il est préférable de faire les arrosages le soir, car l'eau s'évaporant moins la nuit, les légumes en subissent plus longtemps l'influence ; au contraire, en automne et au printemps les arrosages doivent avoir lieu le matin, car si l'eau était répandue le soir sa fraîcheur pourrait être nuisible aux plantes.

Lorsqu'on veut arroser de gros légumes, les choux par exemple, il arrive souvent qu'on enlève la pomme de l'arrosoir, ce qui permet de verser plus rapidement la quantité d'eau nécessaire ;

on exécute alors un *arrosage en plein*. On désigne sous le nom de *bassinage* un arrosement léger effectué en conservant la pomme.

Montage des couches.

Les couches sont des amas de fumier pouvant dégager par la fermentation la chaleur nécessaire à la culture hâtive des légumes. Le plus souvent les couches sont faites avec du fumier de cheval mélangé à des feuilles d'arbre, celles du châtaignier, du hêtre ou du chêne par exemple. Pour qu'elles produisent de bons effets, il faut qu'elles aient à peu près la température à laquelle les légumes réussissent le mieux par la culture naturelle.

On distingue plusieurs sortes de couches, d'après leur degré de chaleur et selon la forme qu'elles affectent. Nous examinerons successivement les *couches en plancher* et les *couches en tranchées*.

Couches en plancher. — Les couches en plancher sont celles qu'on monte directement sur le sol; elles sont de forme rectangulaire; leurs dimensions varient avec le nombre de châssis ou de cloches dont on veut les couvrir; cependant la largeur reste presque toujours entre 1^m,33 et 1^m,70. Lorsqu'on emploie pour les construire du fumier neuf n'ayant pas encore fermenté, la chaleur produite est considérable et les couches sont dites *chaudes*. Lorsqu'on monte les couches avec un mélange de fumier neuf et de fumier ayant déjà fermenté ou *fumier recuit*, la chaleur développée est moindre et l'on a des *couches tièdes;* on commence généralement à construire ces dernières en novembre.

Avant de procéder au montage d'une couche, on en détermine d'abord l'emplacement au moyen de quatre piquets autour desquels on tend le cordeau; on mêle ensuite le fumier neuf au fumier recuit et l'on place, au moyen de la fourche, le mélange dans l'endroit choisi, en ayant soin de le tasser à mesure, de conserver partout le même niveau et d'élever verticalement les bords latéraux de la couche, dont l'épaisseur peut varier entre 40 et 65 centimètres. Si les couches sont destinées à porter des cloches, on les charge de 20 centimètres environ de terreau, puis on les borde soigneusement. Si le fumier n'est pas assez humide, on l'arrose pour faciliter la fermentation. Au début, la température s'élève rapidement et peut atteindre jusqu'à 65 degrés, c'est ce qu'on appelle le *coup de feu*, mais elle ne tarde pas à descendre pour se maintenir aux environs de 25 à 30 degrés. On commence généralement à semer à partir de ce moment.

Couches en tranchées. — Les couches en tranchées sont surtout employées pour la culture des melons ; elles ne diffèrent des couches en plancher que parce qu'elles sont élevées sur le fond d'une fosse, ce qui fait que la hauteur au-dessus du sol est moins grande. Les tranchées ont généralement 1 mètre de largeur sur 33 centimètres de profondeur ; l'épaisseur totale de la couche est de 65 centimètres en moyenne. Le fumier recuit employé provient en partie des anciennes couches.

On appelle *couches sourdes* des couches en tranchées pour lesquelles le fumier recuit est presque le seul employé ; la largeur de la fosse est ordinairement de 55 à 60 centimètres, et la profondeur de 25 à 30 centimètres. La partie supérieure est chargée de terreau qu'on recouvre de fumier long.

Durant l'hiver, il est nécessaire de préserver les couches des atteintes du froid ; c'est ce qu'on réalise à l'aide des *accots* et des *réchauds*. Les accots sont des amas de vieux fumier qui entourent les couches ou les châssis ; les réchauds diffèrent des accots en ce que c'est seulement le fumier neuf qui entre dans leur composition ; ils sont préférables aux premiers, car la chaleur qu'ils dégagent peut empêcher les couches de se refroidir.

CHAPITRE V

LES ASSOLEMENTS

Lorsqu'on a choisi les cultures à faire dans un jardin potager et assigné à chacune un emplacement convenable, il semble tout d'abord qu'on puisse s'en tenir constamment à cette disposition ; cette manière de faire serait assurément la plus simple et la plus commode, si elle ne présentait des inconvénients qu'on a reconnus depuis longtemps.

On a remarqué, en effet, que le même sol, quelque riche qu'il soit, ne peut nourrir indéfiniment la même plante ; cela tient à ce que celle-ci emprunte au terrain des éléments qui sont toujours les mêmes, si bien que ce terrain finit par ne plus posséder les principes nutritifs qu'elle réclame ; mais il en contient d'autres convenant à des espèces qui, grâce à leur système radiculaire, pourront puiser leurs aliments dans des couches différentes du sol.

Cette observation a conduit les cultivateurs à alterner sur un même emplacement leurs diverses cultures. Cette alternance se nomme assolement.

Ce n'est pas au hasard qu'on choisit les légumes qui doivent se succéder dans le potager. L'expérience a donné des règles générales à ce sujet : on remplace les cultures les plus épuisantes par d'autres qui le sont moins ; les plantes à racines profondes, par des plantes à racines superficielles, etc.

Lorsqu'on fait dans une année plusieurs récoltes ou *saisons* sur une même planche, on s'attache à ne pas conserver la même culture pendant deux saisons consécutives, afin d'avoir toujours des produits de bonne qualité.

On comprend aisément les avantages que peut offrir un bon assolement ; nous dirons avec M. André Thouin que c'est « l'art de faire alterner les cultures sur le même terrain, pour en tirer constamment les meilleurs produits aux moindres frais possible ».

LES ASSOLEMENTS.

Le choix d'un assolement est chose assez difficile, car le cultivateur doit tenir compte non seulement des besoins des plantes cultivées, mais encore des éléments que renferme le sol.

Il est donc fort difficile de donner un système pouvant convenir pour la généralité des cas ; nous citerons cependant un modèle que nous empruntons à M. Courtois-Gérard. On y trouvera la répartition du terrain pour un jardin de 15 ares et l'indication des cultures successives de chaque plate-bande pour les récoltes d'une même année. Cette répartition permet de pourvoir à l'alimentation variée d'une famille de six personnes ; l'horticulteur y apportera les modifications qu'il jugera nécessaires, et il fera en sorte de ne ramener une culture sur la même planche que tous les cinq ou six ans.

Mètres carrés.

100	Artichauts, avec quelques pieds de courges.
100	Asperges, avec une rangée de betteraves entre chaque planche d'asperges.
50	1re *saison*, carottes hâtives ; 2e *saison*, laitues et romaines.
50	Carottes et panais semés ensemble.
50	1re *saison*, chou cœur-de-bœuf avec des épinards ; 2e *saison*, céleri.
100	Chou pommé de Saint-Denis ou chou quintal.
50	1re *saison*, choux-fleurs ; 2e *saison*, raiponce avec des épinards.
100	1re *saison*, fèves ; 2e *saison*, navets.
50	Fraises.
50	1re *saison*, haricots nains ; 2e *saison*, mâches.
200	Haricots à rames à récolter en sec pour la provision d'hiver.
50	1re *saison*, laitues et romaines ; 2e *saison*, choux-fleurs.
50	1re *saison*, oignon blanc ; 2e *saison*, chicorée de Meaux.
50	Oignon rouge ou jaune et poireau semés ensemble.
50	1re *saison*, pommes de terre hâtives ; 2e *saison*, choux de Milan.
200	Pommes de terre pour la provision d'hiver.
50	1re *saison*, pois nains ; 2e *saison*, choux-raves ou rutabagas.
100	Pois à rames à récolter en sec pour la provision d'hiver.
50	Scorsonères ou salsifis blancs.
1500	mètres carrés (15 ares).

Aucune place n'est assignée au persil, au cerfeuil, à l'oseille, à la chicorée sauvage, au cresson ni aux échalotes, qu'on cultive ordinairement en bordure.

On peut remarquer que certains légumes de première importance ne sont pas mentionnés dans ce tableau; l'horticulteur jugera si son potager se trouve dans de bonnes conditions pour les produire, et au besoin il les substituera à d'autres moins intéressants pour lui. De toute façon certains légumes seront sacrifiés, car il est impossible de cultiver toutes les espèces dans un petit jardin potager.

CHAPITRE VI

LES GRAINES

Les variétés de légumes que nous cultivons ont été obtenues souvent par des améliorations successives de types sauvages. Ces améliorations n'ont pu être fixées que par sélection, c'est-à-dire en recherchant toujours, pour la production des graines destinées aux semis futurs, des sujets présentant au plus haut degré les qualités que l'on désire, et en les entourant des soins les plus attentifs pour empêcher qu'ils ne subissent l'action des plantes environnantes de valeur moindre. Les plantes améliorées ont toutes une tendance naturelle à retourner au type sauvage duquel elles sont issues (loi d'atavisme); la sélection est donc une nécessité absolue pour perpétuer les races.

La plupart du temps les jardiniers cultivent les variétés d'une même espèce sur des plates-bandes assez éloignées les unes des autres; mais cette précaution est souvent insuffisante, car les insectes peuvent, malgré cela, produire la fécondation d'un sujet au moyen du pollen pris sur un autre situé à une certaine distance du premier. Le procédé le plus efficace consiste, au moment où se produit la floraison, à recouvrir de gaze les légumes porte-graines; on les découvre lorsque la fécondation s'est accomplie.

Il est préférable de recueillir soi-même les graines qu'on veut semer, car on est ainsi plus sûr de leur qualité. Nous indiquerons d'ailleurs à l'article consacré à chaque culture les soins particuliers à donner aux porte-graines.

Si malgré les précautions que nous avons indiquées il se produisait des variétés nouvelles, ce serait à l'horticulteur de les juger, afin de savoir s'il doit ou non les conserver dans son potager.

Certaines graines, pour donner de beaux produits, demandent à être semées fraîches, cependant presque toutes peuvent conserver leur *faculté germinative* pendant plusieurs années. Nous donnons dans le tableau ci-après quelques notes sur les graines des principaux légumes, empruntées à l'ouvrage de MM. Vilmorin-Andrieux et Cie sur les plantes potagères : le jardinier y trouvera des renseignements qui pourront lui être de quelque utilité.

CULTURE POTAGÈRE	POIDS DU LITRE de graines	NOMBRE DE GRAINES	DURÉE GERMINATIVE	
			Moyenne	Extrême
	Grammes	Dans 1 gramme	Ans	Ans
Arroche	140	250	6	7
Artichaut	610	25	6	10
Asperge.	800	50	5	8
Aubergine.	500	250	6	10
Basilic (grand). . .	530	800	8	10
Basilic (petit). . .	500	900	8	10
Betterave	250	50	6	10
Cardon.	630	25	7	9
Carotte.	360	950	4 ou 5	10
Céleri	480	2500	8	10
Cerfeuil	380	450	2 ou 3	6
Cerfeuil bulbeux. .	540	450	1	1
Chicorée.	340	600	10	10
Chicorée sauvage .	400	700	8	10
Chou cabus	700	320	5	10
Chou-rave.	700	300	5	10
Chou-navet	700	375	5	10
Chou-fleur.	700	375	5	10
Ciboule	480	300	2 ou 3	7
Concombre.	500	35	10	10
Potiron	400	3	6	10
Courge musquée. .	420	7	6	10
Citrouille	425	6 à 8	6	10
Crambé.	210	15 à 18	1	7
Cresson alénois. .	730	450	5	9
Cresson de fontaine	580	4000	5	9
Épinard à graine piquante.	375	90	5	7
Épinard à graine ronde	510	110	5	7
Fenouil de Florence	300	200	4	5
		Dans 100 grammes		
Fèves	620 à 750	40 à 115	6	10

LES GRAINES.

CULTURE POTAGÈRE	POIDS DU LITRE de graines	NOMBRE DE GRAINES	DURÉE GERMINATIVE	
			Moyenne	Extrême
	Grammes	Dans 1 gramme	Ans	Ans
Fraisier.	600	800 à 2500	3	6
Haricots.	625 à 850	Dans 100 grammes 75 à 800	3	8
		Dans 1 gramme		
Laitue.	430	800	5	9
Lentille large . . .	790	14	4	9
Mâche commune. .	280	1000	5	10
Melons.	360	35	5	10
Moutarde noire . .	600	800	5	8
Moutarde blanche.	750	200	4	10
Navet	670	450	5	10
Ognon.	500	250	2	7
Oseille.	650	1000	4	7
Panais.	200	220	2	4
Perce-pierre. . . .	120	350	1	3
Persil	500	350	3	9
Piment.	450	150	4	7
Pissenlit.	270	1200 à 1500	2	5
Poireau	550	400	3	9
Poirée	250	60	6	10
Pois	700 à 800	Dans 10 grammes 20 à 55	3	8
		Dans 1 gramme		
Pourpier.	610	2500	7	10
Radis.	700	120	5	10
Raiponce.	800	25000	5	10
Rhubarbe	80 à 120	50	3	8
Salsifis.	230	100	2	8
Scolyme.	125	200	3	7
Scorsonère.	260	90	2	7
Tétragone.	225	10 à 12	5	8
Thym.	680	6000	3	7
Tomate.	300	300 à 400	4	9

CHAPITRE VII

CALENDRIER DE CULTURE POTAGÈRE

Nous donnons sous ce titre un résumé des diverses occupations auxquelles le jardinier peut se livrer pendant chaque mois de l'année. Ces indications ne devront pas le dispenser de chercher aux articles consacrés à chaque culture pour se renseigner plus complètement; elles ont seulement pour but de lui mettre sous les yeux un mémento qui lui rappellera quels sont les travaux à exécuter à telle ou telle époque de l'année.

Comme elles se rapportent au climat de Paris, l'horticulteur saura, le cas échéant, les modifier lui-même suivant les circonstances.

Janvier.

Les travaux qu'on exécute pendant ce mois sont surtout relatifs à la culture forcée. L'horticulteur doit monter de nouvelles couches et donner ses soins à celles qui ont été précédemment ensemencées : il remanie les réchauds et aère de temps en temps les plants, repique ceux qui sont assez vigoureux, récolte les légumes propres à être consommés. Il peut aussi semer, pour la culture des primeurs : les asperges, les carottes hâtives, le cerfeuil, quelques variétés de chicorées endives telles que la chicorée fine d'été, ainsi que quelques chicorées sauvages à couper, les choux hâtifs cabus et les choux hâtifs de Milan, les choux-fleurs hâtifs, le crambé, le cresson alénois, les épinards, les fèves précoces, les fraisiers, les variétés les plus hâtives de haricots, de laitues, de concombres et de melons. On choisira de préférence pour ces derniers le melon Cantaloup Prescott très hâtif à châssis et le melon Cantaloup noir des Carmes. On sèmera aussi les plus précoces variétés de navets, d'ognons, de poireaux, de pois, de radis et de tomates; on plantera des pommes de terre.

En cave, les meules à champignons pourront être lardées.

Pour la culture en pleine terre, on ne peut guère semer que l'ail ordinaire, le cerfeuil bulbeux, les ognons, le panais, le persil, les fèves et les pois hâtifs ; encore est-il nécessaire, surtout pour ces deux derniers légumes, que les semis soient faits à bonne exposition.

Février.

Les travaux généraux qu'on pratique en février sont la continuation de ceux du mois de janvier. Les couches qui ont déjà produit sont retournées et montées à nouveau, en ajoutant une certaine quantité de fumier neuf. Les semis de primeurs sont les mêmes que dans le mois précédent.

Les cultures faites en pleine terre sont assez nombreuses. C'est l'époque de la plantation des griffes d'asperges, des semis d'asperges, de carottes hâtives, de céleri petit, de chicorées sauvages, de choux, de ciboule et de ciboulette, de cresson de fontaine et de cresson alénois, d'épinards, de laitues et de romaines de printemps, de poireaux, de radis hâtifs et de scorsonères ; de la plantation des bulbes d'échalote, des tubercules de crosne et de topinambour.

Mars.

A partir de mars, la culture sur couche perd peu à peu de son importance pour faire place à la culture naturelle. On peut néanmoins semer sous châssis un certain nombre de légumes ; tels sont : l'artichaut, l'aubergine, le cardon, les céleris, les chicorées, les choux cultivés et les choux-fleurs, les courges, les concombres, les fraisiers, les haricots, les laitues et les romaines, les melons, les navets, les pissenlits, les poireaux, les pommes de terre, les radis, la tétragone et les tomates. En cave, on larde les meules à champignons. Vers la fin du mois on peut découvrir un certain nombre de légumes, comme les artichauts, abrités jusqu'à ce moment et qui pourront, dès lors, supporter la température extéricure; on repique aussi tous les plants suffisamment forts qu'on avait placés sur couche.

En pleine terre on peut déjà semer ou planter presque tous les légumes. Nous citerons : l'ail, l'arroche, les asperges, les carottes, le cerfeuil, les chicorées, les choux cultivés, les choux de Bruxelles, les choux-fleurs, les choux-raves, la ciboule, la ciboulette, les cressons, le crosne, les échalotes, les épinards, les fèves, les fraisiers, l'igname, les laitues pommées et les romaines, les lentilles, les navets, les ognons, l'oseille, le panais, le persil, les pissenlits, les poireaux, les pois, les pommes de terre, les radis, le raifort, le salsifis, la scorsonère, la tétragone et le topinambour.

Avril.

En avril les gelées ne sont ordinairement plus à craindre, aussi peut-on donner fréquemment de l'air aux plants qu'on élève sur couche. On pratique encore sous châssis et sur couche quelques semis d'aubergines, de cardons, de chicorées, de concombres, de courges, de haricots, de melons, de piments et de tomates. On continue à repiquer les plants assez vigoureux pour supporter cette opération ; on taille les concombres, les courges et les melons. Les meules à champignons peuvent être lardées en cave.

Les travaux de pleine terre consistent en éclaircissages, binages, sarclages et bassinages. On repique les légumes provenant de semis en pleine terre; on plante des œilletons d'artichauts, des griffes d'asperges, des tubercules de crosne et de pommes de terre, de l'estragon; on sème un certain nombre de légumes : arroches, betteraves, carottes, céleris, céleris-raves, cerfeuil, chicorées, choux, choux-fleurs, choux-navets, choux-raves, ciboules, civettes, cresson alénois, cresson de fontaine, épinards, fèves, fraisiers, haricots à bonne exposition, igname, laitues, lentilles, moutarde blanche, navets, ognons, oseille, panais, persil ordinaire, persil à grosse racine, pissenlits, poireaux, poirée, pois, pommes de terre, radis, raifort, rutabagas, salsifis, scorsonère, tétragone, thym, tomates.

Il faut avoir soin de rechercher pour les détruire tous les insectes nuisibles.

Mai.

Dans ce mois les couches ne sont guère utilisées que pour planter la patate, semer les concombres, les melons et les chicorées, encore ces dernières n'ont-elles pas besoin d'être abritées par des châssis. L'horticulteur est surtout occupé par les travaux de pleine terre. Il plante les œilletons d'artichaut, les pieds d'estragon, les tubercules de pommes de terre; il sème l'arroche, les asperges, les betteraves, les cardons, les céleris, le céleri-rave, le cerfeuil, les chicorées d'été, les scaroles, les chicorées sauvages à grosse racine, les chicorées pour barbe-de-capucin et witloof, les chicorées améliorées, les choux, les choux-fleurs, les choux-navets, les choux-raves, la ciboule, les concombres, les cressons, les épinards, les fraisiers, les haricots, les laitues pommées et les romaines, les lentilles, les melons, les navets, l'oseille, le persil, les pissenlits, les poireaux, la poirée, les pois, le pourpier, les radis de printemps, d'été et d'hiver, le salsifis, la scorsonère, la tétragone, le thym.

Juin.

En juin, les seules plantes qui occupent les couches sont les aubergines, les melons, les patates et les champignons en cave; aussi les travaux de pleine terre sont-ils à ce moment les plus assujettissants. Les arrosages surtout doivent être souvent répétés à cause de la chaleur qui fait rapidement évaporer l'eau; le sol durci par les arrosements successifs doit lui-même être biné de temps à autre. Les semis à effectuer à cette époque sont encore relativement nombreux; on sème l'arroche, les betteraves, les cardons, les carottes, les céleris à côtes, le cerfeuil, les chicorées d'été et les scaroles, les diverses sortes de chicorée à grosse racine, les choux, les choux-fleurs, les brocolis, les choux-navets, les choux-raves, la ciboule, les concombres, les courges, les cressons, les épinards, les fraisiers, les haricots, les laitues pommées, les romaines et les laitues à couper, les lentilles, les mâches, les navets, l'oseille, le persil, les pissenlits, les poireaux, la poirée, les pois, le pourpier, les radis, la raiponce, les rutabagas, le salsifis, la scorsonère, le thym.

Juillet.

Les soins à donner aux légumes pendant le mois de juillet sont les mêmes que pendant le mois de juin; les arrosages doivent encore être plus nombreux, car la chaleur est généralement plus forte.
On continue à larder les meules à champignons et à semer en pleine terre les carottes, les cerfeuils, les chicorées endives et les chicorées sauvages, les choux qu'on récoltera l'année suivante, les brocolis, les choux-navets, les choux-raves, la ciboule, les concombres, les cressons, les épinards, les fraisiers, les haricots, les laitues, les mâches, les navets, les ognons, l'oseille, le persil, les pissenlits, les poireaux, la poirée, les pois, le pourpier, les radis d'été et d'automne, la raiponce, la scorsonère et le thym.

Août.

Les opérations de culture du mois d'août sont absolument les mêmes que celles des mois précédents, mais si la température est moins élevée qu'en juillet les arrosements seront moins fréquents. Comme toujours on peut larder en cave les meules à champignons. Les semis de pleine terre sont moins nombreux; on sème cependant la carotte, le cerfeuil commun, le cerfeuil bulbeux, les chicorées, les choux cultivés, les choux-fleurs, les brocolis, la ciboule, le cresson alénois, les épinards, les fraisiers, les laitues d'hiver et les laitues de printemps, les mâches, les navets, les ognons, l'oseille, le persil, les pissenlits, les poireaux, la poirée, le pourpier, les radis d'hiver, la raiponce et la scorsonère.

Septembre.

A partir de septembre, les semis de pleine terre se rapportent à un nombre plus restreint de légumes. Les soins généraux applicables à ceux qui sont encore en végétation sont toujours les mêmes : sarclarges, binages, arrosages. On sème encore les carottes, le cerfeuil ordinaire et le cerfeuil bulbeux, les chicorées endives (qu'on abritera par des châssis quand viendront les froids), les choux, les choux-fleurs, le cresson alénois, les épinards, les mâches, les navets, les ognons hâtifs, l'oseille, le persil, les poireaux, les radis ; on plante les fraisiers et on larde les meules à champignons.

Octobre.

Pendant le mois d'octobre, on sème encore quelques légumes en pleine terre. Nous citerons : le cerfeuil ordinaire, le cerfeuil bulbeux, les choux-fleurs, le cresson alénois, les épinards, les fraisiers, les laitues (qui devront être abritées à l'aide de châssis), l'oseille, le persil, les pois nains (qu'on aura soin de préserver contre la gelée à l'aide de coffres), les radis. On plante aussi les bulbes des ails et des échalotes ; on larde les meules à champignons ; on butte les céleris et on empaille les cardons pour les faire blanchir.

Novembre.

En novembre, la culture sur couche devient plus nécessaire. On sème pour les forcer : les carottes, le cerfeuil, la chicorée sauvage, les choux-fleurs, le cresson alénois, les épinards, les laitues, les pois, les radis. En pleine terre, on plante les bulbes d'ail et d'échalote, on sème le cerfeuil commun, le cerfeuil bulbeux, les fèves, les laitues et les pois. Pour les semis de pois, on emploie de préférence le pois Michaux. Les meules à champignons peuvent être lardées.

Les soins particuliers consistent à butter les artichauts, à faire blanchir les céleris, à lier les scaroles et les chicorées. On enjauge aussi les céleris-raves, les choux pommés; on empaille les cardons et on les rentre dans la serre à légumes s'il fait froid; on rentre les choux-fleurs; on fume les asperges; on rentre les légumes racines qui craignent les températures basses.

Décembre.

En décembre, les travaux de culture forcée sont les plus importants; le jardinier monte des couches pour les nouveaux semis; il aère de temps en temps les jeunes plants en végétation. Chaque soir, il couvre ses châssis de paillassons qu'il retire le matin.

Les semis qui peuvent être pratiqués sur couche à cette époque sont, en outre du lardage des meules à champignons, les semis de carottes, de cerfeuil, de chicorée sauvage, de concombres, de fèves, de haricots hâtifs, de laitues à couper, de melons, de poireaux, de pois nains hâtifs, de radis hâtifs. On peut aussi planter la pomme de terre Marjolin hâtive.

En pleine terre, on doit couvrir de litière les légumes qui passeront l'hiver en place; les semis sont entièrement suspendus.

DEUXIÈME PARTIE

LES LÉGUMES RACINES

CHAPITRE PREMIER

LA POMME DE TERRE

La pomme de terre, regardée aujourd'hui comme le meilleur de nos légumes, est une plante annuelle à tige herbacée, dont les parties souterraines sont garnies de renflements appelés *tubercules*.

Nous ne ferons pas ici l'historique de la pomme de terre; on sait les difficultés qu'elle rencontra lors de son introduction en France, et comment Parmentier, à force de persévérance, réussit à la faire accepter de ses compatriotes.

La pomme de terre peut croître dans tous les terrains, et elle donne presque toujours d'abondantes récoltes, lorsqu'on a pris soin de fumer le sol avant la plantation; cependant les terres fortes et humides lui semblent moins propices que les sols légers et calcaires; quoi qu'il en soit, elle tient une place importante dans la plupart des potagers, en raison de sa valeur alimentaire et de la diversité des accommodements auxquels elle se prête.

Multiplication.

On peut multiplier la pomme de terre par semis; mais on le fait rarement, à moins qu'on ne veuille obtenir des variétés nouvelles. Les fruits qui contiennent la graine sont de petites baies d'une saveur désagréable, dont le volume est généralement inférieur à celui d'une noix.

La reproduction se fait ordinairement à l'aide des tubercules eux-mêmes, qui ne tardent pas à émettre, lorsqu'on les place en terre, des tiges dont la première nourriture est puisée dans les matières qu'ils contiennent.

Lorsque les pommes de terre ont été arrachées, il est bon de laisser quelque temps sur le sol, avant de les rentrer, celles qu'on destine à la multiplication de l'espèce; on choisit pour cela des tubercules qui offrent les caractères bien prononcés des variétés qu'on veut reproduire. Lorsqu'ils ont pris une teinte verdâtre, on les rentre, et, quelque temps avant la plantation, on les dispose sur des claies, ou, comme le conseillent certains horticulteurs, dans des bourriches à huîtres, afin qu'ils commencent leur végétation. Pour les variétés qui produisent peu de germes, il ne faut mettre qu'une couche de pommes de terre sur la claie ou dans chaque bourriche; pour les variétés ordinaires, on empile plusieurs couches les unes sur les autres. On doit avoir soin, de plus, d'exposer de temps en temps les tubercules à l'air et à la lumière; pour cela il suffit d'ouvrir les fenêtres du lieu où ils se trouvent lorsque la température extérieure n'est pas trop froide.

Ainsi préparées, les pommes de terre peuvent être récoltées plus tôt que si on les avait plantées sans aucun soin préalable.

Culture naturelle.

Le sol destiné à la culture naturelle de la pomme de terre doit être labouré et fumé avant la plantation, qui se fait ordinairement en avril. Des trous, distants de 50 centimètres dans l'un et l'autre sens, sont ouverts à la binette; on leur donne de 10 à 15 centimètres de profondeur. Au fond de chacun d'eux on place un tubercule, puis on recouvre de terre.

Quelques jours après la levée, lorsque les plants peuvent être facilement distingués, on pratique un premier binage qui présente l'avantage d'arracher les mauvaises herbes. Quand les tiges ont atteint 20 centimètres de hauteur, on les butte, c'est-à-dire qu'on relève la terre autour de chaque pied, soit à l'aide de la houe à main, soit au moyen du buttoir pour la grande culture. On conçoit aisément que les variétés dont les tubercules sont situés profondément dans le sol ne doivent pas recevoir un buttage aussi fort que celles qui produisent leurs tubercules à quelques centimètres de la surface, et que, d'autre part, si le terrain cultivé est argileux, le buttage doit être plus faible que s'il est siliceux ou calcaire.

Lorsque la plantation a eu lieu, comme nous l'avons dit précédemment, dans le courant d'avril, on peut obtenir, avec les variétés hâtives, une récolte de pommes de terre nouvelles au commencement de juillet. Quant aux tubercules qu'on voudra consommer dans tout le courant de l'année suivante, il ne faudra les arracher que lorsque les fanes seront desséchées. Cette opération se fera à l'aide de la binette ou de la fourche à dents plates. On laissera les pommes de terre se ressuyer quelques jours sur le sol, puis on les rentrera dans un lieu sec.

Pour empêcher la production des germes et assurer la conservation des pommes de terre pendant l'hiver, il suffit d'enlever les yeux à l'aide d'un couteau ou d'une petite gouge, en entaillant le tubercule sur une épaisseur de 2 à 3 millimètres. Pour les provisions considérables, on peut employer le procédé indiqué par M. Schribaux, qui consiste à plonger les tubercules pendant dix à douze heures dans une solution composée de 1 hectolitre d'eau et de 1 à 2 litres d'acide sulfurique du commerce, à 66 degrés Baumé. La solution doit être mise dans un récipient en bois; les tubercules sont lavés soigneusement avant d'être traités. C'est en mars ou avril, lorsque les germes sont apparents, que se fait cette opération.

Culture forcée.

La culture forcée de la pomme de terre se fait sur couche recouverte de châssis. Les couches ont généralement 60 centimètres d'épaisseur. On peut y planter dès le commencement de janvier, pour récolter dans le courant de mars. Pendant le jour, lorsque la température s'adoucit et que le soleil tombe sur le châssis, on peut découvrir les plants; le soir, il ne faut pas oublier de poser des paillassons sur les panneaux.

Les jardiniers qui cultivent la pomme de terre sur couche en font généralement deux saisons successives; la seconde, ayant lieu à une époque où la température est plus élevée, nécessite naturellement moins de soins. On se contente, pour la nuit, de recouvrir les jeunes plants de paillassons et de soutenir ceux-ci au-dessus des couches au moyen de piquets lorsque le mauvais temps se fait sentir.

Variétés.

Les variétés de pommes de terre connues aujourd'hui sont très nombreuses, aussi nous bornerons-nous à citer celles qu'on considère généralement comme les meilleures ou les plus productives.

Pommes de terre jaunes rondes. — Parmi les pommes de terre jaunes rondes nous citerons :

La pomme de terre *Bonne Wilhelmine*, très cultivée comme primeur, car ses tubercules se forment rapidement;

La pomme de terre *Chardon*, qui mûrit dans la première quinzaine d'octobre; elle est très productive, et, comme sa chair n'est pas de qualité supérieure, on l'emploie souvent pour la nourriture des animaux; on peut néanmoins la consommer sur la table à la fin de l'hiver; à cette époque elle est meilleure qu'immédiatement après l'arrachage;

La pomme de terre *Flocon de neige*, une des meilleures variétés américaines, assez productive, qui mûrit vers le milieu de juillet;

La pomme de terre *Shaw*, très cultivée aux environs de Paris, dont la chair est farineuse; elle peut être récoltée dans la première quinzaine d'août;

La pomme de terre *Segonzac* qui, comme la précédente, est souvent cultivée aux environs de Paris, et dont la maturité a lieu au commencement d'août.

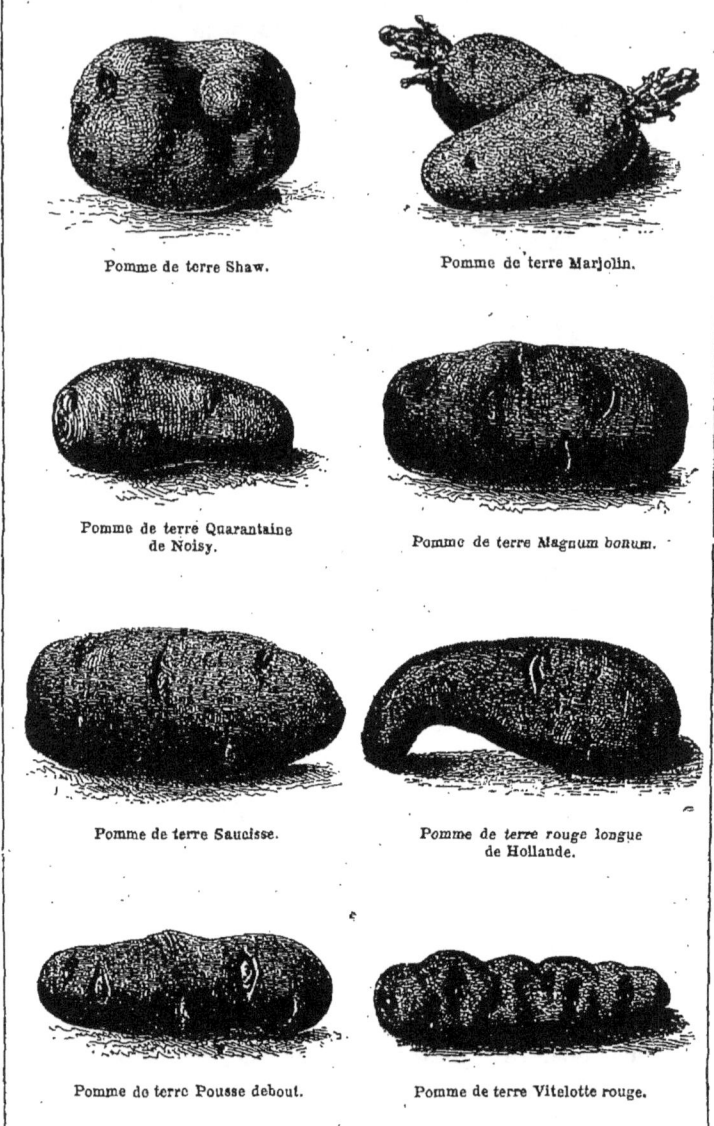

Pomme de terre Shaw. — Pomme de terre Marjolin. — Pomme de terre Quarantaine de Noisy. — Pomme de terre Magnum bonum. — Pomme de terre Saucisse. — Pomme de terre rouge longue de Hollande. — Pomme de terre Pousse debout. — Pomme de terre Vitelotte rouge.

Pommes de terre jaunes longues. — Nous mentionnerons parmi les pommes de terre jaunes longues :

La pomme de terre *Marjolin* ou *Quarantaine*, aujourd'hui très répandue, dont la maturité a lieu dans la première quinzaine de juillet; cette excellente variété est celle qu'on cultive le plus sur couche; on la plante lorsqu'elle est germée;

La pomme de terre *Quarantaine de Noisy* ou *Marjolin tardive*, variété supérieure aujourd'hui fort recherchée; elle est très productive; elle mûrit au commencement d'août;

La pomme de terre *Marjolin têtard*, productive, précoce et de bonne qualité;

La pomme de terre *Joseph Rigault*, variété demi-hâtive, productive et de bonne qualité;

La pomme de terre *Magnum bonum*, demi-tardive, productive et de bonne qualité;

La pomme de terre *Royale* ou *Anglaise hâtive*, excellente variété, aussi précoce que la Marjolin hâtive.

Pommes de terre rouges rondes. — Citons parmi les pommes de terre rouges rondes :

La pomme de terre *farineuse rouge*, l'une des meilleures variétés, dont la peau est rugueuse et la chair blanche; on la récolte en septembre;

La pomme de terre *rouge ronde de Strasbourg*, très productive, à chair jaune, dont la maturité a généralement lieu dans la première quinzaine de septembre;

La pomme de terre *de Zélande*, qui est meilleure à la fin de l'hiver qu'après la récolte; elle mûrit fin septembre.

Pommes de terre rouges longues. — Parmi les pommes de terre rouges longues nous mentionnerons :

La pomme de terre *Kidney rouge*, dont la chair est farineuse et l'épiderme lisse; elle mûrit dans la première quinzaine de septembre;

La pomme de terre *Saucisse* ou *Toute bonne*, très cultivée, qu'on arrache du 15 au 30 septembre; c'est l'une de celles qui se conservent le mieux; sa chair est surtout estimée à la fin de l'hiver;

La pomme de terre *rouge longue de Hollande*, dont le seul inconvénient est d'être trop peu productive ; elle mûrit dans la première quinzaine d'août ;

La pomme de terre *Pousse debout*, assez productive et se conservant bien ; elle a pris peu à peu la place de la rouge longue de Hollande sur le marché de Paris ;

La pomme de terre *Vitelotte rouge*, caractérisée par des entailles assez profondes ; c'est une bonne variété, de conservation facile ; on peut l'arracher au commencement de septembre.

Pommes de terre violettes. — Les variétés violettes sont moins nombreuses et moins recherchées que les variétés jaunes et rouges. Nous citerons :

La pomme de terre *Violette ronde*, assez productive, qu'on peut récolter dans la première quinzaine de septembre ;

La pomme de terre *Violette tardive*, cultivée surtout dans la Bretagne, dont la maturité a lieu au commencement de septembre ; elle se conserve facilement.

Ennemis.

Comme la plupart des légumes, la pomme de terre est sujette aux attaques de plusieurs insectes, tels que le ver blanc, la cour-

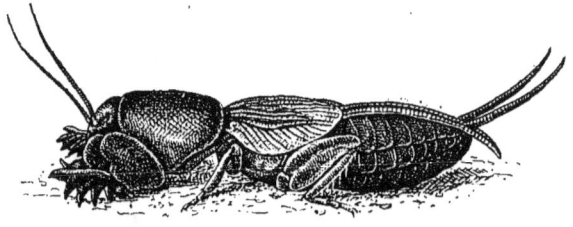

La Courtilière.

tilière ; mais en outre, elle est attaquée par une maladie qui altère ses tubercules et les rend impropres à l'alimentation. Cette affection est causée par la présence d'un champignon microscopique, le *peronospora infestans*.

Les attaques du peronospora se manifestent d'abord sur les feuilles, qui jaunisent et se couvrent de points bruns. Peu à peu le mal s'étend de proche en proche et, généralement deux ou trois jours après, il gagne les tubercules. Certains horticulteurs ont conseillé de couper les feuilles et les tiges dès que les premiers symptômes de la maladie se manifestent : ce procédé par trop énergique présente l'inconvénient de compromettre ultérieurement la végétation de la plante. D'autres ont affirmé que l'emploi de la fleur de soufre donnait de bons résultats ; il ne nous semble pas que cette méthode soit des plus efficaces. Le traitement qui nous paraît le plus actif consiste à projeter immédiatement sur les tiges et les feuilles atteintes un liquide appelé *bouillie bordelaise*, composé de 88 pour 100 d'eau, 6 pour 100 de sulfate de cuivre et 6 pour 100 de chaux.

Dans une expérience faite à Joinville-le-Pont, par M. Prillieux, inspecteur général de l'agriculture, sur neuf pieds traités on ne trouva pas un tubercule atteint, sur six qui ne subirent aucun traitement et qu'on avait réservés pour servir de terme de comparaison on constata que dix-sept tubercules avaient été altérés.

CHAPITRE II

PATATE, IGNAME, CROSNE, TOPINAMBOUR, OXALIS

Patate.

Comme la pomme de terre, la patate est une plante à tubercules. Elle vient bien dans le midi de la France, mais elle exige plus de soins sous le climat de Paris. Dans les pays chauds, elle remplace souvent la pomme de terre, car, comme celle-ci, elle peut s'accommoder de façons très différentes. Sa chair farineuse a une saveur sucrée et un parfum qui rappelle assez celui de la violette.

Dans le Midi, la culture de la patate ne réclame guère plus de soins que celle de la pomme de terre, et à surface égale elle donne des produits beaucoup plus considérables. Au printemps, on plante le tubercule dans une terre meuble, qui ne tarde pas à être recouverte par les tiges rampantes qui se développent à sa surface. Les soins principaux consistent en de nombreux arrosages pratiqués au moyen de rigoles d'irrigation.

Dans le centre et dans le nord de la France, il est nécessaire d'employer les couches pour la culture de la patate. En janvier on plante les tubercules les mieux conservés sur une couche chaude qu'on recouvre d'un châssis sur lequel on a soin de mettre des paillassons pour la nuit. Lorsque les pousses se sont développées, on les détache en conservant avec elles un fragment du tubercule, puis on les plante dans de petits pots qu'on enfonce dans la couche et qu'on recouvre d'une cloche. Au commencement de mars on les transplante sur une seconde couche composée de feuilles sèches recouvertes de 15 centimètres environ de terreau ; cela fait, on abrite les jeunes pousses par un châssis. Vers le milieu d'avril on laisse pénétrer progresssivement l'air sous les panneaux, et plus tard, lorsque la température extérieure est devenue suffisamment chaude, on les enlève définitivement. Quelquefois en se développant les patates paraissent à la surface du sol : il faut, dans ce cas, les recouvrir de terre.

La récolte a lieu aussi tard que possible, afin que les légumes aient le temps de prendre un développement suffisant ; mais aussitôt que la gelée a porté ses atteintes sur les fanes, il faut procéder à l'arrachage, car les tubercules insuffisamment protégés seraient eux-mêmes attaqués et pourriraient rapidement.

Patate rose de Malaga.

Lorsqu'on arrache les patates, il faut le faire avec soin ; car celles qui sont froissées ou blessées se gâtent immédiatement. Lorsqu'elles se sont bien ressuyées sur le sol même, on les dispose par couches dans des paniers, en plaçant sur chacune un lit de tannée ou de terre de bruyère qu'on a préalablement fait sécher, puis on les dépose dans un lieu où la température ne descend pas au-dessous de 8 à 10 degrés.

Les variétés de patate sont très nombreuses ; les principales sont : la patate *igname*, dont l'épiderme est grisâtre ; la patate *jaune*, dont le tubercule est allongé et mince, l'épiderme lisse et la chair très fine ; la patate *rose de Malaga*, qu'on appelle encore patate *rouge d'Alger*, l'une des plus hâtives ; la patate *blanche*, inférieure aux précédentes sous tous les rapports.

Igname de Chine.

L'igname est un tubercule dont l'introduction en France, due à M. de Montigny, consul à Chang-Haï, date de 1848. Beaucoup plus volumineuse que la pomme de terre, l'igname peut atteindre jusqu'à 1 mètre de longueur ; son goût rappelle la saveur de celle-ci :

aussi la plupart des préparations qui conviennent à la pomme de terre peuvent-elles s'appliquer à l'igname.

L'igname est une plante vivace qu'on laisse parfois deux années en terre avant de la récolter ; elle se conserve facilement ; ses tiges annuelles sont volubiles, c'est-à-dire susceptibles de s'enrouler à la manière de celles du liseron ; on peut les laisser ramper sur le sol ; elles prennent alors moins de développement, mais rendent les binages difficiles.

L'igname peut être propagée de diverses manières ; chacun des petits yeux qu'on voit sur le tubercule peut donner naissance à un pied ; on peut encore se servir, pour la multiplication, des bulbilles qui naissent à l'aisselle des feuilles. La meilleure méthode consiste à mettre en terre, au mois de mars, des tubercules non fragmentés qui ne dépassent pas 10 centimètres de longueur. On donne parfois aux tiges de longs tuteurs autour desquels elles s'enroulent à mesure qu'elles se développent, ce qui facilite les opérations courantes du jardinage.

Igname de Chine.

Lorsqu'on reproduit l'igname par bulbilles, la récolte de la première année est souvent minime ; mais dès la seconde année elle s'accroît considérablement.

Après la plantation, les soins à donner sont presque nuls et se réduisent à quelques arrosages et quelques binages, encore néglige-t-on souvent cette dernière opération ; mais le principal obstacle à la culture en grand de l'igname de Chine est la difficulté de l'arrachage, qu'on pratique généralement en novembre de la première année : il faut souvent creuser à 80 centimètres et même 1 mètre de profondeur pour obtenir les tubercules sans les endommager ; il en résulte que les frais de culture reviennent à un prix fort élevé.

On a voulu cultiver l'igname comme plante fourragère pour la substituer à la pomme de terre, étant donné son rendement beaucoup plus considérable ; on a dû y renoncer devant le prix de revient des opérations nécessaires à la récolte, et aujourd'hui l'igname n'est plus guère cultivée que comme plante potagère, surtout à titre de curiosité.

Le genre Igname (*Dioscorea*) comprend un nombre considérable d'espèces et de variétés qui tiennent une très grande place dans l'alimentation des populations de certains points du globe [1].

Crosne ou Stachys affinis.

Le crosne, originaire du Japon, est un stachys qui, introduit en France en 1882, fut d'abord cultivé à Crosnes (Seine-et-Oise).

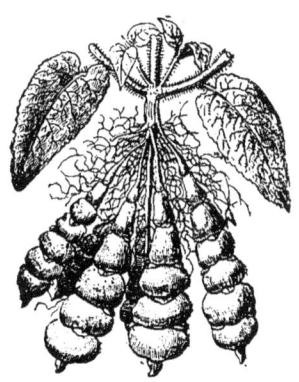

Crosne du Japon.

Cet excellent légume est aujourd'hui chez nous d'une consommation courante, grâce à la persévérance et aux efforts de MM. Pailleux et Bois, qui n'ont rien négligé pour le propager.

La culture du crosne ne présente aucune difficulté ; ce légume se plaît dans tous les sols ; cependant il vaut mieux, pour que la récolte en soit plus facile, ne pas le cultiver dans une terre compacte.

La reproduction se fait au moyen de ses tubercules, dont la forme rappelle celle de grains de chapelet qu'on aurait soudés ensemble.

En février, dans des trous profonds de 20 centimètres et espacés de 40 centimètres dans les deux sens, on place les crosnes, ordinairement au nombre de trois dans chaque trou. On bine fréquemment, mais rarement après la fin de septembre, car alors les tubercules situés à une faible profondeur risqueraient fort

---

1. On peut s'en rendre compte en lisant l'article consacré à ce genre par MM. Paillieux et Bois dans leur *Potager d'un Curieux*.

d'être endommagés. On peut butter chaque pied légèrement en pratiquant le dernier binage.

L'arrachage ne doit pas avoir lieu avant le commencement de décembre : ce n'est souvent qu'à cette époque que les tubercules sont entièrement développés. Comme le crosne ne craint pas la gelée, on a toute latitude pour procéder à la récolte.

Pour conserver le crosne, il ne faut pas le laisser à l'air libre où il se flétrirait rapidement ; on doit le placer dans du sable et le mettre dans un endroit sec et froid.

Le crosne est un légume qui, à cause du soin que nécessite la récolte, ne peut convenir qu'à la petite culture ; malgré toutes les précautions qu'on prend pour l'arrachage, il naît généralement vers le mois de mai des rejets en assez grand nombre qui, laissés en place, ne produiraient rien. Au contraire si on les repique, on peut obtenir une récolte abondante.

Ver blanc du hanneton.

Le crosne s'accommode de diverses façons. En général, toutes les préparations qui conviennent à la pomme de terre peuvent lui être appliquées; on ne le pèle pas : on se contente de le laver avant la cuisson qui dure de douze à quinze minutes. Sa saveur, très agréable, rappelle à la fois celle de la pomme de terre, du salsifis et de l'artichaut.

Le crosne n'est attaqué que par un seul ennemi : le ver blanc du hanneton.

Topinambour.

Le topinambour est une plante originaire de l'Amérique du Nord, dont les tubercules, d'un rouge tirant sur le violet, ont à peu près le volume de ceux de la pomme de terre. Utilisé surtout comme plante fourragère, le topinambour est cependant cultivé quelquefois dans le potager; sa saveur sucrée n'est pas désagréable, mais la qualité de la chair est inférieure à celle de la plupart de nos légumes tuberculeux.

La culture du topinambour réclame peu de travail, et son rendement est assez considérable. D'autre part, les bestiaux peuvent être nourris avec la partie aérienne de la plante; mais il faut attendre pour couper les tiges et les feuilles, que les tubercules soient assez développés pour qu'ils n'en souffrent pas.

Certains cultivateurs ont prétendu qu'il est plus avantageux de laisser le topinambour végéter pendant deux années consécutives que de le récolter dès la première année; mais il résulterait de plusieurs expériences faites par M. Joigneaux que la récolte obtenue dans le premier cas est de beaucoup inférieure au produit de deux récoltes annuelles.

Le topinambour s'accommode de tous les sols, quelque arides qu'ils soient; lorsqu'il est en terre, il craint peu les attaques de la gelée; on le reproduit au printemps par la plantation de tubercules; on l'arrache lorsque les fanes sont mortes. Le tubercule se conserve facilement.

On peut reproduire le topinambour par semis; mais les résultats obtenus de cette manière sont généralement peu satisfaisants. On est cependant parvenu à réaliser un progrès dans la qualité de la chair. La variété à tubercule jaune a une saveur plus délicate que la variété ordinaire, mais elle est beaucoup moins productive.

Topinambour.

Oxalis.

L'oxalis est un légume peu cultivé, car son rendement est des plus minimes. On cultive deux espèces principales d'oxalis : l'oxalis *crénelée* et l'oxalis *de Deppe;* la première, la plus agréable au goût, est la plus répandue; c'est un tubercule originaire du Pérou, présentant des entailles assez profondes; sa forme est allongée et son volume dépasse un peu celui d'une noix. L'oxalis crénelée, dont la peau lisse peut être rouge, jaune ou blanche, se reproduit par la plantation en mai de ses tubercules dans des trous espacés d'environ 0^m,80 dans les deux sens ; cet espace est nécessaire pour permettre aux tiges de se développer librement. Afin d'activer la croissance des tubercules, on les plante souvent au mois de mars sur des couches tièdes, pour les repiquer en mai dans un sol bien meuble. Lorsque les tiges se développent, on doit les recouvrir de terre en laissant cependant à l'air libre 20 centimètres environ de leur partie terminale, ce qui favorise l'émission de tubercules sur les rameaux enterrés. On arrache lorsque les tiges sont jaunes et desséchées ; à cette époque, l'oxalis crénelée possède une saveur acide assez prononcée. « Dans l'Amérique du Sud, disent

Oxalis crénelée.

MM. Vilmorin-Andrieux et Cie, on fait disparaître cette acidité en exposant à l'action du soleil les tubercules renfermés dans des sacs d'étoffe de laine. Au bout de quelques jours, ils deviennent farineux et sucrés ; si ce traitement leur est appliqué pendant plusieurs semaines, ils se dessèchent, se rident et prennent une saveur un peu analogue à celle des figues sèches. » Les oxalis crénelées rouges ou jaunes sont les meilleures au point de vue alimentaire.

La partie comestible de l'oxalis de Deppe, originaire du Brésil, est formée par les racines renflées, dont la forme est analogue à celle de la carotte. On propage généralement cette espèce par les bulbilles ou œilletons, qui se développent dans la région du collet des racines ; on met en terre en avril dans des trous espacés d'environ 35 centimètres dans les deux sens ; on arrose lorsque la sécheresse se fait sentir. Comme nous l'avons dit plus haut, les racines de l'oxalis de Deppe sont inférieures aux tubercules de l'oxalis crénelée.

On peut utiliser comme légume les feuilles de ces deux plantes qu'on consomme de la même façon que celles de l'oseille.

CHAPITRE III

RAVES ET NAVETS, CHOUX-NAVETS ET RUTABAGAS
CHOUX-RAVES, RADIS, RAIFORT SAUVAGE

Raves et navets.

Dans les raves et les navets, la partie alimentaire est formée par la racine, assez volumineuse, dont la forme varie avec les variétés. La couleur en est elle-même variable et l'on voit des raves de couleur noire, violette, orange, jaune ou blanche; il en est de même de la saveur, qui cependant est généralement sucrée. Souvent on regarde les mots rave et navet comme synonymes; la première présente toutefois une légère différence avec le second : sa racine est plus globuleuse.

Multiplication. — Les raves et les navets se multiplient en général par semis, lesquels se pratiquent, suivant la précocité des variétés que l'on cultive, depuis la fin de juin jusqu'au commencement de septembre. Les semis se font soit à la volée, soit en rayons; nous conseillerons surtout cette seconde manière, qui facilite beaucoup les travaux de jardinage. On fait ordinairement ces semis à demeure.

Culture. — Lorsque la levée des raves et des navets est assez avancée, on peut éclaircir, de manière à ce que les pieds ne se gênent plus dans la suite; d'autre part on doit faire des arrosages d'autant plus fréquents et abondants que la sécheresse est plus grande. Quelques binages et quelques sarclages sont également nécessaires. On arrache les navets lorsqu'ils ont atteint assez de développement pour servir à la consommation; on attend rarement qu'ils arrivent à leur volume maximum, car ils sont plus savoureux lorsqu'ils sont jeunes que lorsque la croissance est définitivement arrêtée.

Si l'on a pris soin de pratiquer plusieurs semis à une ou deux semaines d'intervalle, on peut récolter des navets pendant une bonne partie de l'année.

Variétés. — Parmi les nombreuses variétés de raves et de navets nous citerons :

Le navet *long des Vertus*, de couleur blanche, dont la chair

sucrée et tendre est de bonne qualité; on le cultive beaucoup aux environs de Paris;

Le navet *long des Vertus*, *race Marteau*, le plus renommé des navets; sa forme diffère de celle du précédent en ce que l'extrémité est arrondie au lieu d'être conique; c'est presque le seul employé pour la culture forcée;

Le navet *de Freneuse*, qui s'accommode bien des sols pauvres; son épiderme est grisâtre et sa chair blanche;

Le navet *long de Meaux*, dont la racine allongée est souvent déformée; on l'appelle aussi navet *corne-de-bœuf*;

Le navet *jaune boule d'or* à racine sphérique; cette variété, dont l'épiderme est jaune, est très appréciée;

Le navet *blanc plat hâtif*, assez estimé et chez lequel la partie comestible est presque tout entière hors de terre;

Le navet *rouge plat hâtif*, qui ne diffère du précédent que par la couleur; il convient bien à la culture forcée;

La rave d'*Auvergne tardive*, qu'on cultive en grand dans le

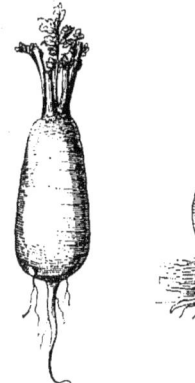

Navet des Vertus, race Marteau.

Navet jaune boule d'or.

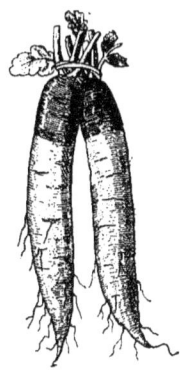

Navet long de Meaux.

centre de la France, pour les animaux, mais qui peut néanmoins être utilisée comme plante potagère.

Porte-graines. — Au moment de la récolte, l'horticulteur doit choisir, pour leur faire produire de la graine, des plantes présentant tous les caractères qu'il désire obtenir. Ces sujets peuvent être laissés en place, mais on peut aussi les planter en un autre endroit où ils occuperont moins de surface et où ils resteront jusqu'à ce que la fructification se soit effectuée. Les graines qu'on en récolte sont très petites et de couleur brune.

L'insecte qui cause le plus de dégâts aux plantations de navets est l'*altise,* qu'on appelle encore puce de terre. L'altise s'attaque surtout aux jeunes plants et oblige parfois le jardinier à recommencer plusieurs fois le semis. On essaie de combattre cet insecte par des bassinages répétés, et par le jus de tabac additionné d'eau.

Choux-navets et rutabagas.

Les choux-navets et les rutabagas peuvent se rapprocher des raves et des navets tant par le goût que par la forme des racines. La chair des choux-navets est blanche; celle des rutabagas est jaune.

Ces deux légumes se plaisent dans des terres argileuses et fraîches, mais ils peuvent cependant venir dans tous les sols.

Chou-navet blanc lisse à courte feuille.

Rutabaga ovale.

Sensibles aux grandes chaleurs, ils ne sont pas influencés par le froid; aussi sont-ils très cultivés dans le nord de la France. Les semis se pratiquent généralement pendant les mois de mai et de juin; on les fait à la volée ou en rayons; plus tard, on éclaircit de façon à ce que les plants se trouvent éloignés de 40 centimètres environ. Les seuls soins à donner sont quelques binages et, pendant la sécheresse, quelques arrosages. On arrache généralement à la fin de l'automne; pendant l'hiver, on conserve les légumes dans une cave, après avoir tranché les feuilles.

Le chou-navet et le rutabaga sont souvent employés pour la grande culture; dans ce cas, le second est généralement préféré, à cause de la facilité qu'offre l'arrachage; pour la culture potagère, au contraire, le premier est plus ordinairement utilisé.

Les variétés de chou-navet et de rutabaga sont en petit nombre; nous citerons : le chou-navet *blanc*, le chou-navet *blanc à collet rouge*, le chou-navet *blanc lisse à courte feuille*, le rutabaga *à collet vert*, le rutabaga *à collet violet* ou *rouge*, le rutabaga *jaune plat hâtif*, le rutabaga *ovale*.

Les porte-graines sont laissés en place ou transplantés; au printemps ils donneront des fleurs. Il faut avoir soin, pour conserver les variétés franches, de suivre les indications que nous avons données dans notre première partie : éloigner les variétés différentes et même recouvrir les plants de fine gaze au moment de la fécondation.

Choux-raves.

Quoique nous placions le chou-rave à côté des légumes racines, ce n'est pas la racine qui est la partie alimentaire de ce légume, mais un renflement très prononcé de la tige, de forme globuleuse, situé entièrement au-dessus du sol. Cette partie porte des feuilles; sa saveur est analogue à celle du chou-navet.

Chou-rave blanc.

Les choux-raves peuvent se semer à partir du mois de mars, jusqu'au mois de juin. Lorsqu'ils se sont développés et qu'ils ont pris une certaine force, on les repique en laissant entre eux un intervalle de 40 centimètres environ. On arrose abondamment pendant l'été. Trois ou quatre mois après le semis on arrache, car, de même que les navets, les choux-raves se consomment avant d'avoir atteint leur complet développement.

Les principales variétés de chou-rave sont :

Le chou-rave *blanc*, le chou-rave *violet*, le chou-rave *blanc hâtif de Vienne*, le chou-rave *violet hâtif de Vienne*.

Les porte-graines du chou-rave reçoivent les soins que nous avons indiqués pour le chou-navet et le rutabaga.

Radis.

Radis rond rose.

Radis demi-long rose.

Radis blanc rond d'été.

Radis jaune d'été.

Radis noir gros rond d'hiver.

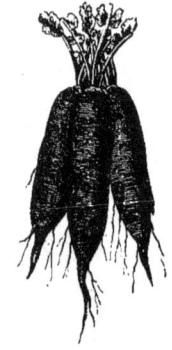
Radis noir long d'hiver.

Le radis est un des légumes dont la préparation réclame le moins de soins, aussi la consommation en est-elle considérable. On le multiplie par semis, qu'on pratique à différentes époques, suivant qu'on cultive des radis de tous les mois, des radis d'été, des radis d'automne ou des radis d'hiver.

Radis de tous les mois. — Les radis de tous les mois peuvent être semés dès le commencement de janvier sur couche, et à partir du mois de mars jusqu'en novembre en pleine terre ; leur croissance est des plus rapides : ils demandent à peine un mois de végétation pour être propres à la consommation ; comme leur culture ne réclame qu'un petit emplacement, on peut les semer à la volée parmi les autres légumes.

Lorsqu'on les force sous châssis, il ne faut pas oublier de leur donner de l'air de temps en temps.

Les soins que nécessite la culture du radis sont l'éclaircissage après le semis, puis le sarclage et des arrosages renouvelés fréquemment pendant l'été.

Nous citerons parmi les variétés de radis de tous les mois :

Le radis *rond rose*, le radis *demi-long rose*, le radis *demi-long rose à bout blanc*, le radis *demi-long écarlate*, le radis *demi-long écarlate à bout blanc*, le radis *demi-long blanc*, la rave *rose longue* ou *saumonée*, le radis *long rose*, la rave *de Vienne*.

Radis d'été et d'automne. — Parmi les radis d'été et d'automne, on compte aussi des variétés plus volumineuses qui croissent plus lentement et réclament une terre plus forte que les variétés ordinaires ; on se contente d'en faire un seul semis dans le jardin potager, en rayons éloignés de 15 centimètres environ ; on le pratique en mai ou en juin en semant très clair. Dans un sol calcaire et siliceux on arrose souvent.

Pour procéder à l'arrachage, il ne faut pas attendre que les racines aient atteint leur complet développement : on les mange presque toujours lorsqu'elles sont à peu près à la moitié de leur croissance ; plus tard elles seraient moins tendres et de qualité bien inférieure.

Nous mentionnerons quelques variétés de radis d'été et d'automne :

Le radis *blanc rond d'été*, le radis *blanc géant de Stuttgart*, le radis *jaune* ou *roux d'été*, le radis *gris d'été rond*, le radis *noir rond d'été*, le radis *demi-long blanc de Strasbourg*.

Radis d'hiver. — La croissance des radis d'hiver qu'on appelle aussi, mais improprement, raiforts, est encore plus lente que celle des précédents ; la plupart sont fort gros et peuvent atteindre le volume d'un navet ordinaire. Leur culture ne diffère pas de celle des autres variétés ; ils réclament un sol assez substantiel ; on peut les semer en rayons distants de 25 à 30 centimètres, à partir de mai jusqu'en août ; on sarcle et on bine de temps en temps ; on arrose abondamment pendant l'été et, au bout de trois mois, on procède à la récolte.

Les radis d'hiver enterrés dans du sable se conservent bien dans un lieu frais ; au contraire les autres variétés doivent être consommées immédiatement.

Nous recommanderons parmi les radis d'hiver :

Le radis *noir gros rond d'hiver*, le radis *violet gros d'hiver*, le radis *noir long d'hiver*, le radis *gros blanc d'Augsbourg*, le radis *blanc de Russie*, le radis *gris d'hiver de Laon*, le radis *rose d'hiver de Chine*.

Les jeunes radis sont souvent attaqués par les altises ; nous avons indiqué précédemment les remèdes généralement employés.

Raifort.

Le raifort sauvage, qu'on appelle encore cran de Bretagne, cranson rustique, moutarde des capucins, croît sur les côtes de la mer, notamment en Bretagne ; c'est une plante vivace, d'une saveur forte et piquante, analogue à celle de la moutarde. On peut le propager par semis de graines au printemps, mais on se sert plus souvent, pour la reproduction, de fragments de racines qu'on plante en automne. Ces fragments émettent des racines adventives qui s'enfoncent verticalement et profondément dans le sol ; on les place à demeure au moyen du plantoir. Les seuls soins à apporter dans la culture de ce légume sont le binage et le sarclage. La récolte a lieu au bout de trois ans de culture.

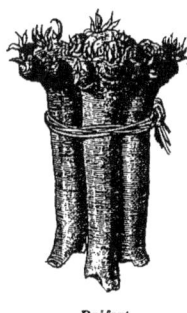

Raifort.

Placé dans une cave où on l'enterre dans le sable, le raifort se conserve très facilement. On l'emploie comme condiment après avoir râpé l'épiderme.

CHAPITRE IV

BETTERAVE, CAROTTE, PANAIS, CÉLERI-RAVE CERFEUIL BULBEUX, PERSIL A GROSSE RACINE

Betterave.

La betterave peut être cultivée comme plante potagère, comme plante sucrière ou comme plante fourragère. Nous ne nous occuperons ici que de la culture de la betterave potagère, légume qu'on emploie surtout dans la salade, où il sert d'assaisonnement.

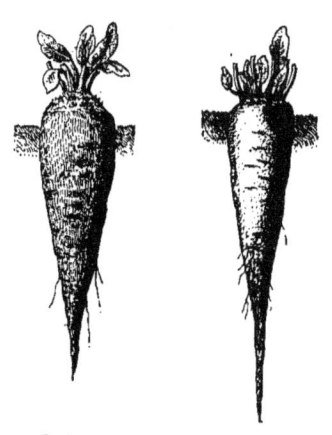

Betterave rouge crapaudine.   Betterave rouge de Castelnaudary.

La betterave réclame un sol profondément labouré et bien fumé, riche surtout en engrais potassiques. On la sème en avril ou en mai, à la volée ou en rayons distants de 35 à 40 centimètres. On éclaircit lorsque les plants sont levés; plus tard, on sarcle et on bine; la récolte a généralement lieu en juillet ou en août. Les racines qu'on veut conserver sont mises en cave, où on les enterre dans du sable; celles qu'on destine à fournir de la graine sont tirées de la cave et placées en terre de nouveau au printemps de l'année suivante; leur graine mûrit en septembre.

Les principales variétés de betteraves potagères sont :

La betterave *rouge crapaudine*, la betterave *rouge de Castelnaudary*, la betterave *rouge naine*, la betterave *rouge longue*, la betterave *jaune longue*, la betterave *jaune de Castelnaudary*.

Carotte.

Comme la betterave, la carotte réclame un sol remué profondément par les labours et ayant reçu une certaine quantité d'engrais pendant l'année qui précède sa culture. Elle s'accommode surtout des terrains légers; elle vient admirablement dans les sols siliceux et frais. On peut la cultiver en pleine terre ou sur couche.

Culture naturelle. — On choisit généralement, pour y semer des carottes, une plate-bande située à l'exposition du midi ou à celle du levant. On peut, pour les variétés très hâtives, semer au mois de septembre; les carottes qu'on couvre de paillassons lorsqu'il gèle peuvent être récoltées en mai. Les semis se font soit à la volée, soit en rayons; après ceux de septembre, d'autres peuvent avoir lieu en février, mars, avril, mai ou juin, selon que les variétés sont plus ou moins précoces. Après la levée on éclaircit; pendant la période de végétation on bine, on sarcle et on arrose.

En hiver, les carottes peuvent être conservées dans de la paille ou du sable fin, après en avoir enlevé les feuilles.

Culture forcée. — Lorsqu'on pratique la culture sur couche, on monte généralement, au commencement de décembre, une couche produisant une chaleur de 15 degrés environ, qu'on charge d'un lit de terre terreautée de 20 centimètres d'épaisseur. Lorsqu'on est arrivé à obtenir la température voulue, on sème; en janvier, on ajoute aux réchauds du fumier non consommé, afin d'élever un peu la chaleur de la couche, qui s'est abaissée sensiblement; lorsque le temps est sec, on peut bassiner légèrement les plantes. Par ce mode de culture, on récolte dès le mois d'avril des carottes propres à la consommation.

Variétés. — Les variétés de carottes les plus estimées sont :

Parmi les carottes rouges : la *rouge longue d'Altringham*, la *rouge longue de Vilmorin*, la *rouge demi-longue pointue*, la *rouge demi-longue obtuse*, la *rouge demi-longue nantaise*, la *rouge courte hâtive*, la *rouge très courte à châssis*.

Parmi les carottes jaunes : la *jaune longue*, la *jaune courte*.

Mentionnons enfin une variété qui, à vrai dire, est plus curieuse qu'utile, la carotte *violette*.

Porte-graines. — Les carottes dont on veut obtenir de la graine, après avoir été choisies au moment de la récolte parmi les plus belles, sont mises *en jauge*, ce qu'on fait ordinairement en transportant les sujets dans une tranchée creusée à l'exposition du nord et en les recouvrant d'une épaisse litière ; au printemps, elles sont replantées en lignes ; on les éloigne de 50 centimètres dans les deux sens. Les graines sont propres à être récoltées en août.

Il ne faut pas oublier de recouvrir chaque pied de gaze au

moment de la fécondation, si les diverses variétés ne sont pas suffisamment éloignées.

Ennemis. — Les carottes sont sujettes aux attaques de divers insectes; le plus à craindre pour les jeunes plants est l'araignée

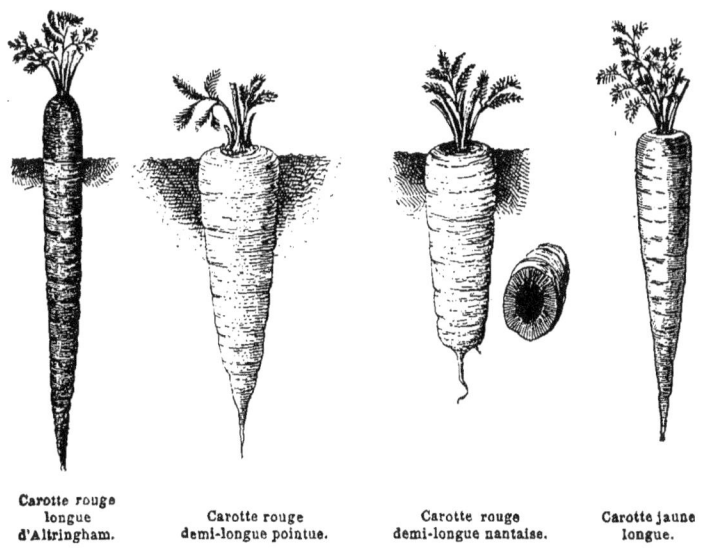

| Carotte rouge longue d'Altringham. | Carotte rouge demi-longue pointue. | Carotte rouge demi-longue nantaise. | Carotte jaune longue. |

rouge, qui ravage les pieds dès qu'ils sont levés. On combat cet insecte par de fréquents bassinages.

Panais.

La forme du panais se rapproche assez de celle de la carotte; il est blanc; on l'utilise surtout pour donner au bouillon une saveur agréable. Toutefois, on l'emploie aussi pour la nourriture des animaux et même, dans certaines régions, pour l'alimentation de l'homme.

La culture du panais étant absolument la même que celle de la carotte, nous ne reviendrons pas sur les diverses opérations qu'elle nécessite.

Le panais est peu sensible à la gelée, aussi peut-on l'arracher fort tard; dans certaines localités, on le laisse même en terre pendant l'hiver; on retire les pieds du sol lorsqu'ils doivent être immédiatement utilisés.

Les porte-graines doivent être laissés en terre pendant les grands froids; au printemps suivant, ils continueront leur végétation.

Les principales variétés de panais sont :

Le panais *long*, le panais *amélioré de Brest*, le panais *long de Guernesey*, le panais *rond hâtif*.

Panais rond hâtif.

Céleri-rave.

Céleri-rave.

Le céleri-rave ou céleri-navet est un légume dont on a modifié la racine par la culture. Il se plaît dans un sol meuble, frais, riche en engrais; on le reproduit par semis, qu'on pratique soit en pleine terre, soit sur couche. Le semis en pleine terre a lieu vers la fin de mars; lorsque le plant est assez développé, on le repique, puis on procède en mai à la mise en place. En octobre, la racine est généralement assez grosse pour être livrée à la consommation.

Lorsqu'on cultive sur couche, on sème ordinairement en février.

En outre du repiquage et de la mise en place, la culture du céleri-rave réclame d'abondants arrosages. Pour favoriser la croissance de ce légume, on a l'habitude de couper les racines latérales et de le butter légèrement.

Les principales variétés de céleri-rave sont :

Le céleri-rave *ordinaire*, le céleri-rave *gros lisse de Paris*, le céleri-rave d'*Erfurt*, le céleri-rave *pomme à petite feuille*.

Cerfeuil bulbeux.

Le cerfeuil bulbeux ou tubéreux, introduit en France en 1826, est aujourd'hui assez recherché ; sa racine, à laquelle on ne peut reprocher que sa petitesse, présente à peu près la forme de celle de la carotte ; elle est de couleur grise ; la chair en est blanche ; sa saveur rappelle celle de la châtaigne. On l'accommode comme la pomme de terre.

Cerfeuil bulbeux.

Le cerfeuil bulbeux peut croître dans tous les terrains. On le sème habituellement en automne, à la volée ; on recouvre très peu ; on se contente la plupart du temps de plomber le semis. Comme la graine ne doit lever qu'au printemps de l'année suivante, il est utile de ne pas laisser empiéter les mauvaises herbes sur la plate-bande destinée à cette culture : il ne faudra donc pas négliger le sarclage. Pendant la croissance de la plante, on aura soin d'arroser fréquemment.

En stratifiant les graines, c'est-à-dire en les déposant dans de petits récipients où une couche de semence alterne avec une couche de sable, et en arrosant la préparation, on peut ne semer qu'au printemps de l'année qui verra la récolte.

Lorsque la tige et les feuilles sont desséchées, on peut récolter le cerfeuil bulbeux ; mais avant de le consommer il est bon d'attendre quelque temps, car son goût est alors plus délicat ; le cerfeuil bulbeux est d'ailleurs de conservation facile.

Persil à grosse racine.

Le persil à grosse racine, fort renommé dans différents pays, est moins apprécié en France. La racine, qui est ici la partie qu'on utilise, présente à peu près la forme de la carotte longue ; sa couleur est celle du panais, c'est-à-dire d'un blanc grisâtre. Sa culture ne diffère pas, d'ailleurs, de celle de ce dernier légume.

Persil à grosse racine.

On sème le persil à grosse racine au printemps, dans un sol bien labouré ; comme il est très rustique, il peut rester en terre pendant l'hiver ; cependant, on le met quelquefois en jauge pour le replanter aux approches du printemps.

La racine du persil à grosse racine est d'une saveur agréable, qui rappelle un peu celle du céleri-rave ; on lui fait subir les mêmes préparations, mais on peut aussi la manger après cuisson sous la cendre, ou en tranches qu'on mélange à la salade. Les feuilles, analogues à celles du persil commun, pourraient servir aux mêmes usages ; mais il est préférable de les laisser à la plante, si l'on tient à ce que les racines atteignent leur entier développement.

Quelque délicate que soit la saveur du persil à grosse racine, on est cependant d'accord pour lui reprocher un inconvénient assez grave : la partie alimentaire est trop petite pour rémunérer convenablement les travaux qu'elle réclame ; toutefois, dans les potagers d'amateur où elle n'est pas l'objet d'une spéculation, cet inconvénient perd de son importance.

On distingue deux variétés principales de persil à grosse racine : la variété *tardive*, plus allongée, et la variété *hâtive*, renflée au voisinage du collet.

CHAPITRE V

SALSIFIS, SCORSONÈRE, RAIPONCE, SCOLYME

Salsifis.

Le salsifis est un légume dont la racine, très allongée, peut atteindre jusqu'à 20 centimètres de longueur; l'épiderme est jaunâtre; la chair est blanche; elle a une saveur légèrement piquante sans être acide. Le salsifis se cultive dans les sols bien labourés; car la racine, pivotante, s'enfonce assez profondément dans la terre; on le multiplie par semis, qu'on fait en place, au printemps, dans des rayons éloignés de 25 centimètres environ. On éclaircit après la levée, de façon à ce que les plants se trouvent à une distance de 10 à 15 centimètres les uns des autres. On sarcle et on arrose lorsqu'on en reconnaît l'utilité; au mois d'octobre, le salsifis blanc peut être arraché; on le retire du sol au fur et à mesure des besoins; aussi récolte-t-on souvent jusqu'à une époque assez avancée de l'hiver.

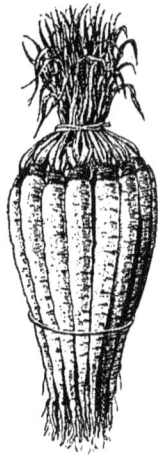

Salsifis.

Les sujets qu'on destine à remplir l'office de porte-graines doivent être changés de place au printemps; il résulte de plusieurs expériences que les graines fournissant les racines les plus belles proviennent de sujets qui ont fleuri la seconde année, à un endroit différent de celui où ils avaient passé leur première année de végétation.

Scorsonère.

L'importance de la culture du salsifis blanc a beaucoup diminué depuis que la scorsonère a été introduite dans la plupart des potagers. Cette dernière présente toutes les qualités du premier, auxquelles elle ajoute une rusticité plus grande. La scorsonère peut, en effet, croître à des latitudes plus septentrionales que le salsifis blanc.

Le goût et la forme de la scorsonère sont absolument les mêmes que ceux du salsifis; elle en diffère cependant par les feuilles, qui sont plus grandes et l'épiderme de la racine, qui est noir au lieu d'être blanc. Quant à la culture, elle est absolument la même; mais la scorsonère n'est pas forcément arrachée de terre en hiver ; plus tard, pendant la seconde année, le légume, tout en prenant du développement, reste toujours tendre et, par suite, propre à la consommation ; on peut même le manger après la fécondation et la production des graines sans qu'il ait rien perdu de sa saveur.

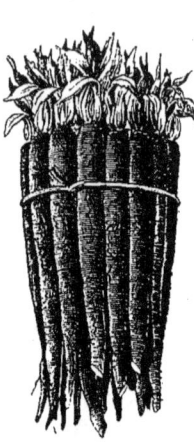

Scorsonère.

Raiponce.

Raiponce.

La raiponce, aujourd'hui peu cultivée, rappelle le navet long par la forme et la couleur de sa racine, ; elle ne dépasse guère 12 à 15 centimètres de longueur; sa chair est ferme et douce au goût. On la mange habituellement crue, en la mélangeant à la mâche.

La raiponce se sème en juin, à la volée, ou en rayons distants de 15 à

20 centimètres; on mêle à la graine un peu de sable pour obtenir un semis plus uniforme. On préfère un sol qui n'a pas été fumé trop récemment. Après le semis, on plombe la terre et on bassine légèrement pour ne pas emporter la graine, qui est extrêmement petite. Après la levée, on éclaircit; on peut commencer à récolter en octobre ou novembre; pendant l'hiver, on arrache au fur et à mesure des besoins.

Scolyme.

Le scolyme, comme la raiponce, est peu cultivé dans les potagers; sa racine peut être utilisée comme celle du salsifis et de la scorsonère. Dans les provinces du midi de la France, il croît spontanément dans les terrains incultes, où l'on se borne souvent à le récolter. Dans le Nord, au contraire, sa culture est assez répandue, car il ne réclame aucun soin.

Le scolyme se sème à la volée ou en rayons en mars ou avril. Pour éviter que les plants destinés à l'alimentation ne fleurissent, on pince les tiges à mesure qu'elles se développent. En octobre, on procède à la récolte.

Avant de les livrer à la consommation, on fend longitudinalement les racines du scolyme, afin d'enlever la partie du milieu, qui est fibreuse. Si l'on trouve des pieds dont la racine entière est tendre, ce qu'on constate en en détachant une petite partie à l'extrémité inférieure, on peut les conserver pour leur faire produire de la graine. Peut-être parviendra-t-on à obtenir de la sorte des scolymes dont toute la racine sera comestible.

CHAPITRE VI

OGNON, POIREAU, AIL, ÉCHALOTE, CIBOULE

Ognon.

L'ognon, l'un des plus employés de nos légumes, est une plante qu'on cultive pour son bulbe. Il se plaît surtout dans un sol substantiel qu'on a pris soin de fumer pendant l'année qui a précédé

celle de sa culture; quoiqu'il soit bisannuel, on ne le laisse généralement se développer que pendant un an.

Culture. — Le mode de reproduction le plus usité est le semis; cependant certaines variétés donnent naissance à des bulbilles qu'on emploie aussi pour la propagation de l'espèce.

Le semis a lieu en mars, dans un terrain bien ameubli; on le fait à la volée, puis on herse légèrement le sol à l'aide du râteau;

on plante ensuite et, si cela est nécessaire, on arrose un peu. Quelque temps après la germination on éclaircit ; plus tard la culture se borne à quelques arrosages, si la sécheresse les rend nécessaires, et à quelques binages qu'on pratique de temps en temps, lorsqu'on en reconnaît l'utilité.

Un autre mode de culture est pratiqué dans les régions où l'hiver est peu rigoureux ; il consiste à semer d'août à octobre, pour mettre en place à la fin de l'automne ou au début de l'hiver ; de cette manière on obtient les grosses variétés que l'on récolte en mai.

Un troisième procédé a été préconisé par MM. Lebrun et Nouvellon, par lequel on replante de petits ognons dont le volume est un peu supérieur à celui d'une noisette, et qu'on a obtenus d'un semis très serré exécuté en mars ou avril de l'année précédente. Ces ognons se développent en peu de temps et donnent de fort beaux produits la seconde année.

Variétés. — Les variétés d'ognons sont très nombreuses ; celles qui sont le plus communément cultivées sont :

L'ognon *blanc hâtif de Paris,* de taille moyenne, qui se conserve bien ;

L'ognon *blanc gros*, assez volumineux, mais tardif, de saveur douce, se conservant assez difficilement ;

L'ognon *de Danvers*, jaune rougeâtre, hâtif, qu'on ne sème pas en automne ;

L'ognon *jaune paille des Vertus,* hâtif et de conservation facile ;

L'ognon *de Cambrai* ou *de Mulhouse,* jaune rougeâtre, hâtif, se conservant bien ;

L'ognon *jaune soufre d'Espagne,* un peu tardif, mais de bonne qualité et de conservation facile ;

L'ognon *rouge pâle de Niort*, hâtif, estimé, se conservant aisément ;

L'ognon *rouge noir de Brunswick,* de couleur rouge violacé, qu'on conserve très facilement ;

L'ognon *de Madère rond,* très gros, recherché pour sa saveur, fort difficile à conserver ;

L'ognon *de Madère plat,* très volumineux, qui ne diffère guère du précédent que par la forme ;

OGNONS.

Ognon de Danvers.

Ognon de Mulhouse.

Ognon jaune soufre d'Espagne.

Ognon rouge pâle de Niort.

Ognon de Madère rond.

Ognon de Madère plat.

L'ognon *piriforme*, tardif, se conservant aisément;

L'ognon d'*Égypte* ou *Rocambole*, rouge, qu'on reproduit par les bulbilles, lesquelles chez lui remplacent les fruits;

L'ognon *patate* ou ognon *pomme de terre*, qui se propage par ses caïeux; il se plante généralement en février; on le butte pour faciliter le développement des individus qui croissent en groupe autour des caïeux plantés.

La méthode de conservation des ognons est simple : il suffit de les réunir en bottes au moyen des tiges qu'on tourne sur elles-mêmes pour les lier ensemble et les suspendre dans un lieu sec.

Porte-graines. — Les ognons qu'on destine à fournir la graine sont replantés en février ou en mars à une distance de 35 à 40 centimètres les uns des autres; on coupe les tiges après la fructification; on les réunit et on les accroche en un lieu sec où se termine la maturation.

Ennemis. — Le principal ennemi de l'ognon est le *petit ver blanc* qui pénètre dans le bulbe dont il arrête la croissance; il n'y a aucun préservatif contre cet insecte dont on n'a pu, jusqu'à présent éviter les attaques. Les ognons sont aussi sujets à une maladie : la pourriture, qui porte ses atteintes de préférence sur les jeunes plants. On ne connaît pas de remède.

Poireau.

Comme beaucoup de nos légumes, le poireau est une plante bisannuelle, qu'on cultive comme si la durée de sa végétation n'était que d'un an; la partie qu'on emploie en cuisine est celle qui se trouve enfoncée dans le sol; elle est d'une couleur blanche qui contraste avec la couleur verte des feuilles.

Culture. — Le poireau s'accommode particulièrement d'un terrain frais et humide, fumé au moyen de fumier consommé. On le reproduit de semis, qu'on pratique habituellement à la volée en fin février ou au commencement de mars; on éclaircit après le développement des graines; on repique ordinairement en mai au plantoir, assez profondément pour augmenter la longueur de

POIREAU.

la partie utile, en laissant entre les plants une distance de 25 centimètres environ dans les deux sens, puis on arrose abondamment. Les principaux soins à donner pendant la culture consistent en binages, sarclages et arrosages. On peut commencer la récolte au mois d'août, mais si l'on a pris soin de semer sur couche en février, on obtient des poireaux dès le mois de juin. La couche dont on se sert pour cette culture doit avoir 40 centimètres environ d'épaisseur et produire une chaleur de 15 degrés. On repique le

Poireau long d'hiver.

Poireau monstrueux de Carentan.

semis en pleine terre en fin février ; les travaux sont ensuite les mêmes que ceux de la culture en pleine terre.

Variétés. — Les principales variétés de poireaux sont :

Le poireau *long*, qui craint peu le froid et présente une partie blanchie relativement longue ; on pratique souvent un léger buttage pour en augmenter la longueur ;

Le poireau *gros court*, hâtif, et résistant mal aux gelées ;

Le poireau *jaune du Poitou*, hâtif, d'un développement rapide ;

Le poireau *très gros de Rouen*, court mais assez volumineux, rustique, de bonne qualité ;

Enfin le poireau *monstrueux de Carentan*, variété des plus recommandables.

Porte-graines. — Les poireaux qui doivent fournir la graine sont semés en juillet et repiqués au mois de septembre. En hiver, on les préserve des gelées par de la litière; en septembre suivant, les graines sont généralement mûres. On détache alors les tiges qu'on lie ensemble et on les accroche dans un lieu sec.

Les ennemis du poireau sont les mêmes que ceux que nous avons signalés à propos de l'ognon.

Ail.

L'ail, dont on fait un usage considérable dans les provinces du midi de la France, est employé comme assaisonnement dans la préparation des aliments; sa saveur forte l'a fait rechercher depuis les temps les plus anciens; sa culture est très répandue.

Ail ordinaire.

L'ail peut croître dans tous les sols, mais il donne ses plus beaux produits dans les terrains légers et substantiels. On le reproduit par ses caïeux, appelés improprement gousses, qu'on plante à des époques variables suivant les climats. Dans le Midi, c'est sou-

Teigne des ails
(très grossie et en grandeur naturelle).

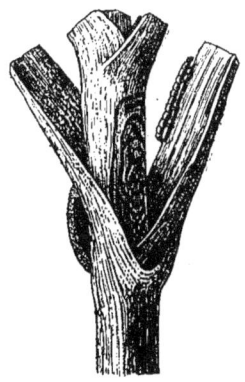

Larve de la teigne
des ails.

vent en fin septembre ou au commencement d'octobre que se fait cette opération; dans le centre et le nord de la France, il arrive plus habituellement qu'on mette les caïeux en terre aux premiers jours du printemps. Quand la tige est assez développée, on peut la tordre sur elle-même et la maintenir dans cette position en la nouant. On facilite de la sorte la croissance de la bulbe. On récolte en août l'ail planté en février ou en mars.

Nous citerons parmi les variétés d'ail : l'ail *ordinaire*, l'ail *rose hâtif*, l'ail *Rocambole* ou *d'Espagne*, et l'ail *d'Orient*.

L'ail est quelquefois attaqué par les larves de la teigne des ails qu'on appelle encore teigne du poireau ; comme l'ognon, il est sujet à la pourriture.

Échalote.

L'échalote, comme l'ail, se multiplie par ses caïeux ; elle vient admirablement dans un sol léger qu'on a pris soin de fumer abondamment l'année précédente. Si cela n'a pas été fait, il est préférable de donner à ce légume du fumier bien consommé plutôt que du fumier frais. On plante les caïeux en février ou en mars, à 10 centimètres environ les uns des autres, peu profondément; on bine et on sarcle de temps en temps pendant l'été. On arrache vers le mois de juillet.

Échalote.

Les variétés d'échalote les plus cultivées sont :

L'échalote *ordinaire*, l'échalote *grosse de Noisy*, l'échalote *de Jersey*, plus précoce que les précédentes.

Les insectes que nous avons mentionnés en parlant de l'ognon, du poireau et de l'ail, attaquent parfois l'échalote, qui, comme ces légumes, est sujette à la pourriture.

Ciboule.

Quoique la ciboule soit plutôt considérée comme un légume herbacé que comme un légume racine, nous la plaçons à côté de l'ognon, de l'ail et de l'échalote, avec lesquels elle a beaucoup d'analogie.

La ciboule se multiplie ordinairement au moyen de ses graines qu'elle produit en assez grande quantité. On sème à demeure et à la volée, en février-mars et même avril et mai. On récolte pendant une grande partie de l'été les feuilles, qu'on emploie comme assaisonnement ; les seuls soins de culture sont le binage et l'arrosage.

Au commencement de décembre, on peut mettre en jauge les pieds de ciboule qui restent, pour s'en servir au besoin dans le courant de l'hiver.

Ciboule.

Les principales variétés de ciboule sont :

La ciboule *commune* et la ciboule *blanche hâtive*.

La ciboule étant une plante vivace, les pieds destinés à fournir de la graine peuvent en donner pendant plusieurs années consécutives.

La *ciboulette* ou *civette*, qui sert aux mêmes usages que la ciboule proprement dite, se propage à l'aide de ses caïeux qu'on plante au mois de février ou dans le courant de mars. Comme elle est elle-même vivace, on la conserve pendant l'hiver en coupant ses tiges au niveau du sol et en couvrant le tout d'une légère couche de terreau. On la cultive très souvent en bordure.

Ciboulette.

TROISIÈME PARTIE

LES LÉGUMES HERBACÉS

CHAPITRE PREMIER

L'ASPERGE

L'asperge croît dans presque tous les sols ; comme c'est un légume vivace, on peut établir dans le potager une plantation qui suffira aux besoins d'une famille pendant plusieurs années. Les seuls terrains où l'asperge ne pourra végéter convenablement sont les sols imperméables.

La partie comestible de l'asperge est formée par des turions qu'émet chaque année la partie souterraine ou griffe. Ces turions, comme on le sait, ont une saveur délicate qui les fait justement apprécier.

Culture naturelle.

Lorsqu'on veut établir une aspergerie dans le jardin, on se procure du plant qu'il suffit de transplanter, ou bien on a recours au semis de graines qu'on pratique en mars-avril à la volée ou en rayons, dans un sol fumé et labouré en automne ; on recouvre ensuite d'une légère couche de terreau, puis on bassine légèrement. Après le développement du semis, on l'éclaircit de manière que les pieds restants soient distants de 7 à 8 centimètres. On arrose ensuite de temps en temps et l'on bine légèrement en ayant soin de ne pas blesser les jeunes pieds.

Au printemps suivant aura lieu la mise en place, qu'on fera autant que possible dans l'une des parties les plus saines du potager. La mise en place peut être effectuée sur une seule ligne ; cependant la plupart du temps on la pratique en planches. De quelque façon qu'on agisse, d'ailleurs, le procédé de culture est à peu près le même.

En février ou en mars, on s'occupe de la préparation du sol, qui a déjà reçu en automne une fumure et un labour. On y creuse des fosses larges d'environ 50 centimètres, éloignées de 70 centimètres et ayant une profondeur de 15 centimètres, dans lesquelles on place des engrais ; on détermine ensuite l'emplacement des griffes qui seront distantes de 40 à 45 centimètres, pour y élever des petits monticules de terreau de 5 centimètres environ sur lesquels on place un plant ; puis on jette sur le tout une couche de terre terreautée ou même de terreau ; on remet ensuite au niveau primitif en couvrant avec une partie de la terre enlevée. Ce qui restera sera employé dans la suite pour le buttage des plants ; en attendant on le laisse en ados dans les sentiers.

A la fin de l'automne ou au commencement de l'hiver, les tiges sont coupées à 10 ou 20 centimètres du sol : la partie restante indique la place de chaque pied. Après un binage, ou plutôt un déchaussement peu profond de chaque sujet, on place une légère couche de fumier naturel mélangé à des engrais chimiques ; au printemps on mêle le tout à la terre.

Les mêmes soins se continuent pendant l'année suivante. En automne, on tranche les tiges mortes et l'on indique, si l'on veut, l'emplacement des griffes au moyen d'un petit bâtonnet fiché en terre. L'épandage des engrais s'effectue toujours de la même manière.

On pourrait, pendant la troisième année, récolter des asperges propres à la consommation ; mais il est préférable d'attendre quatre années avant de faire une récolte. Pendant la troisième a lieu l'opération du buttage, par laquelle on ramène autour de chaque pied la terre qui avait été laissée au moment de la mise en place. Le buttage se fait ordinairement en avril. Les monticules de terre formés ont une hauteur de 25 à 30 centimètres.

Lorsqu'on cueille les asperges, quelques horticulteurs conseillent de ne pas les couper sous le sol comme on le fait trop souvent : d'après eux, le meilleur procédé consisterait à écarter la terre autour du turion pour casser celui-ci à la main ; on replacerait ensuite la terre enlevée.

La récolte commence lorsque les premières asperges dépassent de quelques centimètres la surface du sol, généralement en avril ; on l'arrête dans la première quinzaine de juin.

Pendant les années suivantes les travaux de culture sont exactement les mêmes ; cependant, après la sixième année on ne

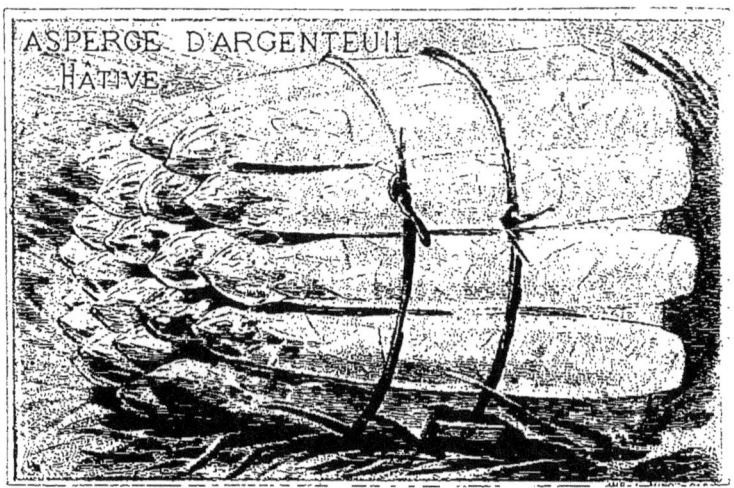

fume ordinairement que tous les deux ans, bien que la fumure annuelle soit préférable.

Une aspergerie ainsi établie peut produire pendant plus de dix années.

Quoique le procédé dont nous venons de parler soit encore le plus suivi pour la culture de l'asperge, il est une autre méthode qui donne aussi d'excellents résultats. A Argenteuil, centre productif de l'asperge, les moyens suivis sont différents. La plupart des jardiniers de cette localité sont d'accord pour affirmer que le légume doit se trouver enterré peu profondément dans le sol, afin de bénéficier de l'influence de l'air, et les diverses opérations de leur culture ont en vue l'application de ce principe. Ils prétendent, de plus, que par la méthode ordinaire les engrais fournis sont placés à une trop grande distance des racines de la plante, et ils tâchent d'obvier à cet inconvénient. Voici en quelques mots comment ils procèdent :

A l'époque de la mise en place, les griffes ne sont placées qu'à 15 centimètres environ au-dessous du niveau du sol. Tous les ans, au commencement de l'hiver, ils pratiquent autour de chaque pied un déchaussement au cours duquel ils se rendent compte de l'état des racines et placent l'engrais nécessaire à la végétation. Cette manière de faire nous paraît présenter quelques avantages, mais par l'un et l'autre procédé on peut obtenir de fort beaux produits.

Culture forcée.

La culture forcée de l'asperge est aujourd'hui assez pratiquée pour que nous ne puissions nous dispenser d'en dire quelques mots. M. Courtois-Gérard, dans son *Manuel pratique de culture maraîchère*, s'étend assez longuement sur cette matière. Nous exposerons les grandes lignes des procédés qu'il recommande.

La première méthode consiste à pratiquer le forçage sur l'emplacement même de l'aspergerie ; la seconde, à planter sur des couches le plant arrivé à un certain développement. Par la première, on obtient les asperges dites blanches, et par la seconde, des asperges vertes.

Lorsqu'on pratique le forçage des asperges blanches, on plante comme nous l'avons indiqué pour la culture ordinaire, et l'on ne commence à forcer que dans la première quinzaine de novembre de la troisième année de plantation. Pour cela, on met les coffres en place, puis on répand sur les planches une couche de terreau ; on creuse ensuite les sentiers sur une profondeur de 50 centimètres environ ; la terre enlevée et placée sur les planches exhaussera celles-ci d'une trentaine de centimètres, et l'on obtiendra, par ce moyen, des turions d'une longueur plus grande que par les procédés ordinaires. Dans les sentiers, on monte des réchauds de fumier non consommé qu'on élève jusqu'à la hauteur des panneaux des châssis. On étend sur les planches un paillis qu'on aura soin d'enlever lorsque les asperges sortiront de terre, puis on rabaisse les panneaux qu'on tient constamment fermés et qu'on recouvre chaque soir de paillassons. Tous les quinze jours environ on refait les réchauds, dont la chaleur s'est abaissée ; on en retire une certaine quantité de vieux fumier qu'on remplace par du fumier frais. La température sous les châssis doit, autant que possible, ne pas être inférieure à 15 degrés, ni supérieure à 25. Vingt ou vingt-cinq jours après avoir placé les coffres, on commence à récolter les asperges qu'on pourra cueillir tous les deux ou trois jours.

Le forçage des asperges vertes se fait sur des couches de 60 à 80 centimètres de hauteur ayant une température de 20 à 25 degrés. On emploie pour former ces couches un mélange de fumier consommé, de fumier de cheval frais et de fumier de vache; on répand à la surface une légère couche de terreau, puis on place les coffres. On détermine ensuite l'emplacement des griffes que l'on pose sur les couches ; quelques jours après, on les recouvre légèrement de terreau et l'on monte des réchauds que l'on aura soin de remanier toutes les fois que leur température s'abaissera.

Les châssis sont recouverts chaque soir à l'aide de paillassons, et lorsque les asperges commencent à se montrer on soulève les panneaux de temps en temps pour permettre à l'air de pénétrer. Quinze jours après, les asperges sont bonnes à cueillir. La récolte peut se faire pendant une période d'environ trois mois. Lorsque les griffes ont cessé de produire, elles doivent être arrachées, car elles ne pourraient plus être utilisées.

Variétés.

Il existe un assez grand nombre de variétés d'asperge, mais nous ne parlerons ici que de quelques-unes qui ont une certaine importance dans la culture potagère :

L'asperge *verte*, dont l'extrémité prend rapidement une teinte verte assez prononcée; il est utile de faire remarquer ici que ce n'est pas cette seule variété qui produit les légumes qu'on vend sous ce nom : toutes les asperges peuvent devenir vertes par le procédé de culture que nous avons indiqué précédemment ;

L'asperge *violette de Hollande,* qui est très communément cultivée ;

L'asperge *blanche d'Allemagne*, qu'on confond souvent avec l'asperge de Hollande, mais qui est un peu plus précoce que cette dernière ;

L'asperge *d'Argenteuil hâtive*, dont l'extrémité est pointue et les pousses relativement grosses ;

L'asperge *d'Argenteuil tardive*, plus longtemps productive que la précédente.

Porte-graines.

Le choix des porte-graines influe beaucoup sur la qualité des produits qu'on récolte, aussi doit-on apporter une grande attention dans ce choix. On doit suivre la règle générale, qui consiste à tenir isolés, pendant la floraison et la fécondation, les pieds qu'on a désignés d'avance pour servir à la propagation de l'espèce. Trop souvent les jardiniers négligent ces précautions, et l'hybridation, qui est la conséquence de ce manque de soins, entraîne la dégénérescence des meilleures variétés. L'horticulteur doit, en outre, ne pas récolter sur les griffes destinées à la multiplication, car il est nécessaire de leur conserver toute leur force pour que leurs graines donnent des produits vigoureux et de bonne qualité.

En se conformant à ces indications, on pourra non seulement conserver franches les bonnes variétés, mais encore leur apporter parfois des améliorations.

Ennemis.

En outre des vers blancs et des courtilières qui causent des dégâts assez importants aux griffes, l'asperge est attaquée par le *criocère de l'asperge* et le *criocère à douze points* qui portent leurs atteintes sur les tiges et les ramifications de la plante. Ce sont les larves de ces insectes qui font le plus de ravages. Pour les détruire, on agite les tiges au-dessus d'un récipient contenant de l'eau de savon ; les larves détachées de la plante tombent dans

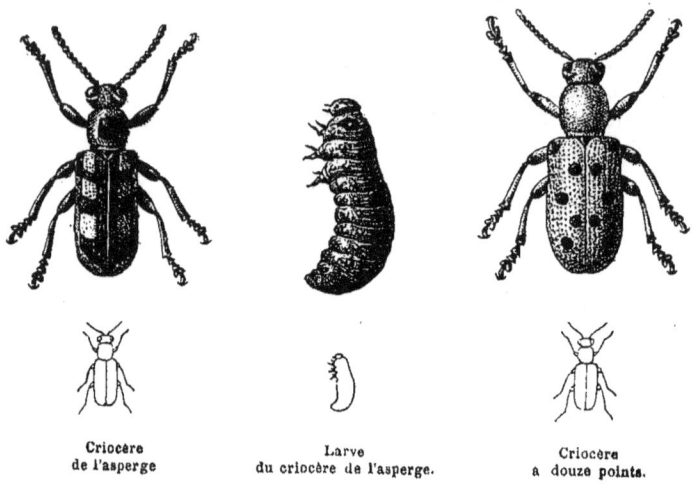

Criocère de l'asperge. Larve du criocère de l'asperge. Criocère a douze points.

Ces insectes sont représentés très grossis sur la première ligne et en grandeur naturelle sur la seconde.

le vase. Il existe un autre procédé pour se débarrasser du criocère : il consiste à placer des cendres de bois au pied de chaque plant ; en secouant les tiges comme nous venons de le dire, les larves tombent sur le sol où elles sont brûlées par les cendres.

Les plantations d'asperges sont quelquefois ravagées par une maladie qui sévit surtout lorsque le terrain où est située l'aspergerie est trop humide : nous voulons parler de la *rouille*, causée par un champignon microscopique qui se développe sur les tiges.

CHAPITRE II

LES CHOUX

Le chou est un des légumes les plus utiles à notre alimentation ; on en distingue plusieurs espèces. Nous étudierons successivement le chou ordinaire ou chou cultivé, le chou de Bruxelles, le chou-fleur et le chou brocoli. Nous ne reviendrons pas ici sur le chou-rave ni sur le chou-navet, dont nous avons parlé dans la seconde partie de ce volume.

Chou cultivé.

Le chou est considéré comme originaire de l'Europe ; il croît à l'état spontané au voisinage de la mer ; il est vivace, mais on le cultive presque toujours dans nos jardins comme légume annuel ou bisannuel.

Culture. — La culture du chou varie suivant que l'on a des variétés de printemps, d'été, d'automne ou d'hiver ; toutes se plaisent cependant dans des sols bien ameublis, plutôt humides que secs, fumés de fumier consommé.

Les choux se multiplient par semis, faits d'ordinaire à la volée, on herse légèrement le sol qu'on recouvre d'une faible couche de terreau, puis on arrose à la pomme. Pour les variétés de printemps, le semis a lieu à la fin d'août ou au commencement de septembre, en pleine terre ; il se fait sur couche en janvier ou février pour les variétés d'été ; on le pratique en avril, mai ou même au commencement de juin, en pleine terre, pour les variétés d'automne et d'hiver.

Lorsque les plants ont acquis un certain développement, quand ils portent deux ou trois feuilles, par exemple, on procède au repiquage. Le repiquage se fait en rayons espacés de 10 centimètres environ; la distance à laisser entre deux pieds situés sur une même ligne est également de 10 centimètres. On repique au moyen du plantoir. S'il se trouve des sujets auxquels manque le bourgeon terminal, il faut avoir soin de les éliminer, car ils ne pommeraient pas après la mise en place. Le repiquage, indispensable pour les variétés de printemps, n'est pas obligatoire pour

les choux d'été. On ne le pratique jamais pour les choux d'automne et d'hiver.

La mise en place, comme le repiquage, se fait au plantoir, en rayons espacés de 30 centimètres environ, distance qui peut varier suivant le volume des variétés que l'on cultive. Après la plantation, les choux reçoivent un arrosage abondant qu'on peut faire au goulot, afin d'épargner du temps. Pour les variétés de printemps, la mise en place peut être effectuée en novembre; elle a lieu pour les variétés d'été, d'automne et d'hiver un mois ou un mois et demi après le semis.

Pendant la période de culture, les choux sont binés et arrosés de temps à autre.

On peut butter les choux de printemps trois ou quatre mois après qu'ils ont été mis en place, pour les récolter dans le courant de mars ou d'avril. Les choux d'été sont livrés à la consommation pendant tout le courant de cette saison ; les choux d'automne sont arrachés durant tout l'automne, et les choux d'hiver généralement en fin novembre.

Le procédé le plus employé pour conserver les choux pendant l'hiver consiste à les renverser après la récolte, c'est-à-dire qu'on place la pomme sur le sol, les racines se trouvant en l'air. On peut encore les mettre en jauge dans cette position et les recouvrir d'une quinzaine de centimètres de terre.

Variétés. — Comme nous l'avons dit précédemment, on distingue les variétés de printemps, d'été, d'automne et d'hiver. Parmi ces diverses races, les unes sont à feuilles lisses : ce sont surtout les choux pommés ou cabus à feuilles lisses ; les autres sont à feuilles frisées : ce sont surtout les choux de Milan.

Les meilleures variétés de choux de printemps sont : le chou *d'York petit*, le chou *d'York gros*, le chou *Cœur-de-bœuf petit*, le chou *Cœur-de-bœuf moyen*, le chou *Cœur-de-bœuf gros*, le chou *Joanet* ou chou *Nantais*, le chou *de Milan hâtif d'Ulm*, le chou *de Milan hâtif de la Saint-Jean*.

Nous citerons parmi les variétés qu'on peut cultiver pour l'été : le chou *de Milan hâtif d'Ulm*, le chou *de Milan hâtif de la Saint-Jean*, le chou *de Milan gros des Vertus*, le chou *hâtif d'Étampes*, le chou *rouge*.

Les variétés les plus estimées parmi les choux d'automne sont :

Le chou *de Bonneuil* ou *de Saint-Denis*, le chou *de Schweinfurt*, le chou *pointu de Winnigstadt* et le chou *conique de Poméranie*.

Nous mentionnerons enfin parmi les variétés les plus recommandables de choux d'hiver :

Le chou *de Milan ordinaire*, le chou *de Milan de Norvège*, le chou *vert de Vaugirard* qui se conserve facilement, le chou *Quintal* ou *gros chou d'Allemagne*, le chou *à grosse côte blond* ou chou *de Meaux*.

Porte-graines. — Les choux dont on veut obtenir de la graine ont eu la tête supprimée comme les autres, mais on con-

Chou d'York gros.

Chou Cœur-de-bœuf moyen.

Chou Joanet
ou chou Nantais.

Chou de Milan gros des Vertus.

Chou de Bonneuil ou de Saint-Denis.

Chou Quintal.

serve les pieds qu'on met en jauge durant l'hiver; pendant la période des gelées, on a soin de les abriter. Quelques variétés très rustiques craignent cependant peu les froids; on les laisse en place pendant la mauvaise saison. Au printemps, les

Chenille de la piéride du chou.

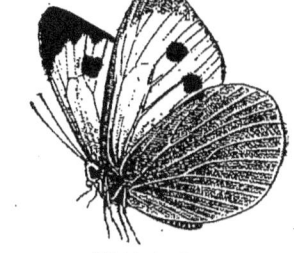

Piéride du chou.

Chenille de la noctuelle du chou.

Noctuelle du chou.

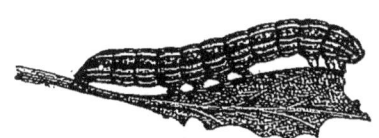

Chenille de la noctuelle des moissons.

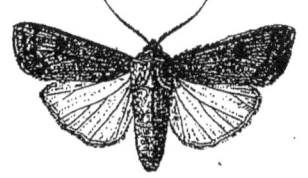

Noctuelle des moissons.

sujets qu'on a jugé prudent de mettre en jauge sont replantés ; on éloigne autant que possible les diverses variétés les unes des autres, afin d'éviter l'hybridation. Il est bon de recouvrir chaque pied de gaze, car on assure ainsi non seulement la production de la semence par les fleurs d'un même individu, mais on préserve encore les graines des atteintes des oiseaux, qui souvent s'en nourrissent.

On peut hâter la fécondation de quelques variétés qui fleurissent tardivement, en tranchant l'extrémité des tiges lorsque celles-ci commencent à produire des fleurs. Les choux de printemps sont naturellement laissés en place pour fournir de la graine.

Ennemis. — Le chou est attaqué par de nombreux insectes. Nous citerons au premier rang l'*altise* ou *puce de terre*, qui porte ses ravages sur les jeunes plants. Plusieurs sortes de chenilles sont aussi fort à craindre. Ce sont celles de la *piéride du chou*, de la *noctuelle des moissons* et de la *noctuelle du chou*, que l'on détruit au moyen de jus de tabac additionné d'eau. Le mode de destruction des pucerons est le même.

Le chou est aussi sujet à une maladie, la *hernie du chou*, occasionnée par un champignon microscopique qui se propage sur les racines, lesquelles présentent bientôt de nombreux boursouflements. Il faut brûler les sujets atteints.

Chou de Bruxelles.

Le chou de Bruxelles ou chou à jets se rapproche beaucoup du chou de Milan. Il en diffère par sa tige plus élevée et son sommet qui ne présente pas la même disposition. La partie comestible est formée par de petites pommes, de volume à peu près égal à celui d'une noix, qui sont attachées sur toute la longueur de la tige.

Chou de Bruxelles demi-nain.

Le chou de Bruxelles se reproduit par semis, que l'on fait de préférence dans un sol frais et substantiel, depuis le mois de mars jusqu'en juin, afin de pouvoir récolter pendant tout l'hiver. Lorsque les pieds ont acquis un certain développement, on procède au repiquage. Pour cela, on les place en rayons espacés de 40 à 50 centimètres, suivant que l'on repique le chou de Bruxelles ordinaire ou le chou de Bruxelles nain ; la distance de 40 à 50 centimètres est conservée entre deux pieds situés sur une même ligne. Les soins de culture ne diffèrent pas de ceux qu'on applique au chou cultivé. Les premiers choux de Bruxelles peuvent être cueillis en octobre.

On distingue plusieurs variétés de choux de Bruxelles :

Le chou de Bruxelles *ordinaire* ou chou de Bruxelles *grand*, qui est le plus généralement cultivé et qui donne les produits les plus estimés; le chou de Bruxelles *demi-nain;* le chou de Bruxelles *nain*, moins élevé que les précédents, mais dont les jets, plus volumineux, peuvent être cueillis plus tôt.

Nous n'ajouterons rien à ce que nous avons dit pour les porte-graines des choux cultivés ; les mêmes soins doivent être appliqués aux choux de Bruxelles.

Chou-fleur.

Dans le chou-fleur, ce ne sont plus les feuilles qu'on recherche pour la consommation, ce sont les rameaux à fleurs hypertrophiés que l'on mange et qui fournissent un aliment sain et nutritif.

Culture. — La culture du chou-fleur se fait de plusieurs manières, suivant l'époque à laquelle sont pratiqués les semis. Ceux-ci peuvent avoir lieu soit à la fin de l'été ou au début de l'automne, soit à la fin de l'automne, soit au printemps.

Dans le premier cas, on sème vers le commencement de septembre sur une planche qui a reçu une certaine quantité de terreau ou même sur une couche sourde. En octobre, le plant est repiqué et l'on a soin de l'abriter au moyen de châssis; puis, au mois de janvier suivant, on le transplante sur une couche tiède que l'on recouvre de châssis, sur lesquels on place des paillassons qui protègent les plants pendant la nuit. On arrose quand cela devient nécessaire et l'on soulève les panneaux lorsque la température extérieure n'est pas trop rigoureuse. A la fin d'avril, on peut commencer à récolter des choux-fleurs. La consommation pourra se continuer jusque pendant le mois de mai.

Lorsque les semis sont exécutés à la fin de l'automne ou au commencement de l'hiver, ils se font sur une couche chaude; le repiquage s'exécute aussi sur couche où les jeunes choux sont soigneusement abrités par des châssis. Quand vient le printemps, on commence à les découvrir plus fréquemment et, dans les premiers jours d'avril, ils sont placés en pleine terre où ils conti-

Chou-fleur Lenormand à pied court.

Chou-fleur noir de Sicile.

nuent leur végétation. On pourra récolter les plus avancés au commencement de juillet.

Quand enfin le semis est effectué dans le courant de mai ou de juin, c'est constamment en pleine terre que se fait la culture. On ne pratique pas le repiquage et l'on plante à demeure au mois de juillet. Il faut avoir soin, pendant la période des chaleurs, d'arroser abondamment, car la sécheresse peut nuire considérablement aux jeunes plants : souvent on les place dans un lieu ombragé où ils n'ont rien à craindre de l'ardeur du soleil.

Pour conserver les choux-fleurs on les suspend la tête en bas, après les avoir débarrassés des feuilles. Quand on veut les utiliser, on les laisse passer quelque temps dans l'eau avant de les accommoder, afin de leur faire reprendre leur volume qui d'ordinaire diminue sensiblement par suite de l'évaporation.

LE POTAGER.

Variétés. — Les variétés de choux-fleurs les plus estimées sont :

Le chou-fleur *tendre de Paris* ou *petit Salomon*, dont la tête se forme assez vite, mais qu'il est difficile de conserver;

Le chou-fleur *demi-dur* ou *gros Salomon*, précoce, dont la tête est dense et de conservation facile;

Le chou-fleur *dur de Paris*, moins précoce que les précédents;

Le chou-fleur *Lenormand à pied court*, aujourd'hui très cultivé grâce à sa rusticité et aux diverses qualités qu'il réunit;

Le chou-fleur *dur de Hollande*, assez volumineux, tardif et s'accommodant aisément d'une terre forte;

Le chou-fleur *dur d'Angleterre*, rustique et tardif; c'est un de ceux que l'on sème surtout en avril ou en mai;

Le chou-fleur *noir de Sicile*, dont la pomme est de couleur violette; il est précoce; son grain est gros et serré.

Porte-graines. — Les porte-graines des choux-fleurs sont semés en fin septembre et abrités sous châssis pendant l'hiver. Au mois de mars généralement, on les transplante et l'on choisit les plus beaux individus pour leur faire produire des graines. Il faut les arroser très abondamment pendant leur végétation et pincer les tiges et les rameaux développés, afin d'augmenter la production des graines, qui mûrissent la plupart du temps en septembre ou octobre.

Ennemis. — En dehors des ennemis que nous avons cités pour le chou cultivé, le chou-fleur peut avoir à souffrir d'une maladie qui sévit parfois sur les porte-graines. Nous voulons parler du *blanc*, occasionné par un petit champignon dont on n'a pu, jusqu'à ce jour, arrêter les effets.

Chou brocoli.

Le chou brocoli peut être considéré comme une sorte de chou-fleur; il diffère en réalité très peu de ce dernier, dont on a cependant coutume de le distinguer. La culture du chou brocoli est très facile, car il résiste assez bien aux froids ; il est bon, cependant, de l'abriter pendant l'hiver par une couche de quelques centimètres de litière.

Le brocoli peut être semé depuis mars jusqu'à mai ; les variétés les plus hâtives sont semées les premières. On repique en pépinière lorsque le plant a acquis un développement suffisant, et la plantation à demeure se fait quatre à cinq semaines après, en rayons espacés de 60 à 70 centimètres dans les deux sens. Les travaux de culture sont absolument les mêmes que pour les choux-fleurs, et si l'on a pris soin de pratiquer des semis successifs, on peut récolter en automne, pendant tout l'hiver et au commencement du printemps.

Chou brocoli blanc Mammoth.

Les principales variétés de brocoli sont : le brocoli *blanc hâtif* et le brocoli *Mammoth*.

CHAPITRE III

CRAMBÉ, POIRÉE, CARDON, RHUBARBE, FENOUIL

Crambé.

Le crambé ou chou marin est un excellent légume dont les jeunes feuilles, blanchies, sont employées pour la consommation. Il est très facile à cultiver et cependant il est peu répandu.

Le crambé se plaît dans un sol léger, fumé préalablement au moyen de fumier consommé; il est vivace; une plantation peut produire pendant dix années consécutives. On propage le crambé de deux manières : par semis et par boutures de racines.

Le semis peut être pratiqué en place, mais il est préférable de repiquer les plants; aussi conseillerons-nous de semer dans une planche bien terreautée où se fera le commencement de la végétation. On sème les graines en rayons distants de 30 centimètres environ, puis on recouvre de quelques centimètres de terreau. Après éclaircissage, les pieds situés sur une même ligne doivent être éloignés de 15 centimètres les uns des autres. Plus tard, on arrose et on bine suivant les besoins.

La mise en place s'effectue en février ou en mars, dans des rigoles espacées de 60 à 70 centimètres dans un sens, et de 50 à 60 dans l'autre. Tous les ans, les feuilles mortes sont détachées en automne, et l'on place un paillis sur la plantation après avoir pratiqué un binage. On peut à la rigueur récolter dès la deuxième année; mais, pour ne pas affaiblir les pieds prématurément, il est bon d'attendre trois ans avant de livrer les feuilles à la consommation. Pour faire blanchir celles-ci, on fait un buttage ordinairement en fin janvier. Afin de récolter peu à peu et pendant plus longtemps, un certain nombre de pieds sont d'abord buttés; les autres ne le sont que quinze jours plus tard.

Voici comment se pratique le buttage : on entoure les pieds d'un petit monticule de terreau de 15 centimètres environ de hauteur, sur lequel on dépose une couche de fumier ou de feuilles sèches. Quand on voit les feuilles du crambé sortir du sol, on les coupe auprès du collet en laissant les yeux qui sont situés autour de celui-ci. Cette section provoquera le développement d'un certain nombre de bourgeons, dont on ne gardera que quatre ou cinq. Lorsqu'une première récolte aura été faite, on pratiquera un second buttage pour en obtenir une deuxième; après quoi on mêlera au sol le terreau qui aura servi à ce buttage.

Il existe un second procédé pour faire blanchir les feuilles; il consiste à recouvrir chaque pied au moyen

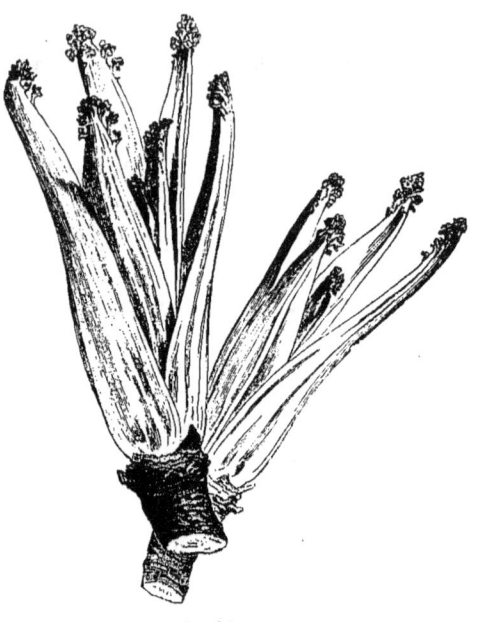

Crambé.

d'un vase ou d'une cloche opaque. Lorsque les feuilles ont atteint 15 centimètres de longueur, on les coupe comme précédemment.

Pour multiplier le crambé par boutures on déterre, au mois de mars, de vieux pieds dont on divise les racines en fragments de 10 centimètres de longueur. Si les racines ont à peu près 1 centimètre de diamètre, les fragments peuvent directement être mis en place où ils émettent des bourgeons, dont on ne conserve que les trois plus vigoureux. Si les racines ne sont pas assez volumineuses pour fournir des boutures pouvant être immédiatement mises en place, on en plante les morceaux en rayons distants dans les deux sens de 20 centimètres, et ce n'est que l'année suivante qu'ils sont plantés à demeure.

Le mode de propagation par boutures de racines est très usité ; il produit souvent d'excellentes récoltes.

En Angleterre où le crambé est beaucoup plus répandu qu'en France, ce légume est l'objet de la culture forcée. Les pieds qui doivent être forcés sont arrosés en automne et plantés sur couche ; on couvre les plantations de châssis sur lesquels on dépose des paillassons pour intercepter la lumière.

Le crambé est sujet aux attaques de l'altise.

Poirée.

La poirée présente beaucoup d'analogie avec la betterave ; mais tandis que chez celle-ci c'est surtout la racine qu'on développe par la culture, ce sont, chez la poirée, les feuilles seules dont on active le développement.

Poirée à cardes.

Suivant l'époque à laquelle on veut récolter, les semis peuvent avoir lieu depuis le mois de mars jusqu'en juin. Certains cultivateurs sèment même en fin juillet pour récolter au printemps suivant. On pratique les semis soit en place, soit en pépinière, en rayons espacés de 40 centimètres. Pendant la croissance, la poirée ne réclame que des binages et des arrosages. Lorsqu'on sème en juillet, les pieds sont buttés pendant l'hiver et abrités au moyen d'une litière. On procède à la récolte en détachant les feuilles qu'on veut employer immédiatement ; pour en avoir dans le courant de l'hiver, on préserve les poirées par des châssis qu'on dépose sur les planches, et l'on entoure le tout d'un réchaud. Toutes les fois que le temps le permet, on laisse pénétrer l'air dans les panneaux.

On cultive deux variétés principales de poirée :

La poirée *commune* ou poirée *blonde*, qui se prête aux mêmes usages que les épinards et qui peut produire un mois et demi environ après le semis ;

La poirée *à cardes*, dont on utilise le pétiole, vulgairement appelé queue de la feuille, qui dans cette variété est très développé ; la poirée à cardes se sème surtout en juin pour être récoltée fin avril.

Les sujets que l'on destine à fournir de la graine sont hivernés sous châssis ; la graine mûrit d'ordinaire en septembre suivant.

Cardon.

Le cardon est un légume analogue à l'artichaut par les caractères botaniques. La partie comestible est le pétiole des feuilles qui a été développé par la culture. Le cardon peut croître dans tous les sols et donne presque toujours des résultats satisfaisants. On le propage de semis qu'on pratique soit sur couche au mois d'avril, soit en pleine terre au mois de mai et, dans ce cas, à la place qu'il occupera pendant toute sa végétation. Le semis se fait en poquets dans des rayons distants de 1 mètre dans les deux sens. On place deux ou trois graines dans chaque trou, après avoir jeté un peu de terreau au fond. Après la levée, on choisit le plus vigoureux des plants semés dans un même trou, et les autres sont supprimés. Pendant l'été, on sarcle et on arrose abondamment. Au mois de septembre, on s'occupe de le blanchir. Pour cela, on entoure de paille toute la plante, puis on l'attache en ne laissant sortir que l'extrémité supérieure des feuilles. On laisse le cardon dans cet état pendant trois semaines environ ; ce temps écoulé, il faut l'utiliser immédiatement sous peine de le voir pourrir. Pour prolonger la période de consommation, on empaille peu à peu les sujets.

Comme les cardons sont fort sensibles à la gelée, quelque temps avant l'hiver on arrachera tous les pieds qu'on mettra en jauge dans un lieu abrité, la serre à légumes par exemple, où ils blanchiront naturellement; on aura soin de supprimer à mesure les feuilles qui commenceront à pourrir.

Cardon de Tours.

Les variétés de cardon sont peu nombreuses. Les plus cultivées sont :

Le cardon *de Tours* généralement très apprécié ; le cardon *plein inerme*, qui ne porte pas de piquants ; le cardon *d'Espagne*, très cultivé dans le midi de la France; le cardon *Puvis* ou cardon *à feuilles d'artichaut*.

Les porte-graines sont couverts pendant les froids; on les découvre aux approches du printemps. Au mois de septembre, les cardons peuvent donner de la graine; ils en fournissent pendant plusieurs années consécutives.

Les jeunes plants de cardon sont sujets aux attaques des vers blancs et des courtilières.

Rhubarbe.

Il n'y a pas plus de deux siècles que la rhubarbe est cultivée en Europe. Comme dans le cardon, c'est le pétiole des feuilles qui est comestible. En Angleterre, cette plante est l'objet d'une culture beaucoup plus étendue qu'en France.

La rhubarbe se plaît dans les terrains sablonneux. On la propage par semis, mais aussi et surtout par des fragments du pied. Le semis doit être fait aussitôt que les graines sont arrivées à maturité. Lorsqu'on procède par division des pieds, cette opération doit avoir lieu au printemps. Chaque partie qu'on veut planter doit porter un bourgeon.

La plantation à demeure s'exécute généralement au printemps, dans un sol qui a reçu du fumier consommé. Les plants sont éloignés de 70 centimètres dans un sens et de 1 mètre dans l'autre. On ne commence à récolter qu'au printemps de l'année suivante. Pour cela, il faut avoir soin de détacher les feuilles en les tirant et non pas en les tranchant à l'aide du couteau, comme on le fait trop souvent. Un pied de rhubarbe peut produire pendant huit années, mais il ne faut pas

Rhubarbe ondulée d'Amérique.

le laisser fleurir ; aussi coupe-t-on les tiges aussitôt qu'elles se montrent, afin de conserver à la plante toute sa vigueur.

Les meilleures variétés de rhubarbe sont :

La rhubarbe *Victoria*, la rhubarbe *Michell's royal Albert*, la rhubarbe du *Népaul*, la rhubarbe *Monarque* et enfin la rhubarbe *ondulée d'Amérique*.

Les tiges florales des pieds destinés à fournir de la graine sont conservées ; celle-ci mûrit ordinairement en avril.

Fenouil de Florence.

Le fenouil de Florence est un légume annuel qui peut atteindre 60 à 70 centimètres. La partie recherchée est la base des pétioles qui se tuméfie pour constituer au-dessus du collet de la plante une sorte de pomme de couleur blanchâtre.

Fenouil de Florence.

Le fenouil de Florence se sème au mois d'avril, en rayons distants de 45 centimètres environ. Après la levée, on éclaircit, et les soins se bornent dans la suite à esherber et arroser fréquemment. Quand le sujet a atteint 25 centimètres de hauteur, on le butte de façon à couvrir de terre jusqu'à la moitié le renflement formé. On peut commencer à récolter dix ou quinze jours après le buttage.

Le fenouil se mange après cuisson; sa saveur rappelle celle du céleri avec un goût sucré que celui-ci n'a pas. Ce légume, très délicat, est fort peu cultivé en France. C'est en Italie qu'il est le plus répandu.

CHAPITRE IV

L'ARTICHAUT

L'artichaut est une plante vivace des plus cultivées, tant par les maraîchers que par les amateurs. On le rencontre dans toute la France. Mais, comme toutes les variétés ne prospéreraient pas partout également, chaque région cultive les races les plus propres à croître dans son sol.

Modes de reproduction.

L'artichaut aime surtout les terrains substantiels et humides, plutôt compacts que légers. On le multiplie soit par le semis, soit par les œilletons qu'il produit abondamment. Ce deuxième mode de propagation est préférable au premier, car il reproduit plus fidèlement les variétés qu'on cultive.

Le semis se fait dans des pots à fleurs remplis de terre qu'on place dans une couche tiède. Dans chacun on plante, en février, quatre ou cinq grains; après la levée, on ne conservera par pot que les deux sujets les plus vigoureux, qu'on plantera en motte au mois de mai, en rayons éloignés de 80 centimètres environ dans les deux sens. On peut encore semer en pleine terre dans le courant de mai. Dans ce cas, on pratique le semis en poquets: quatre ou cinq grains sont déposés dans chaque trou et, comme précédemment, on ne conserve par poquet que deux pieds, qu'on plantera à demeure lorsqu'ils auront acquis un développement suffisant.

Le procédé de multiplication par œilletons est le plus usité. Chaque pied produit un certain nombre d'œilletons dont il est nécessaire de le débarrasser si l'on ne veut pas le voir s'épuiser. On ne lui en laisse que deux, pour assurer la récolte de l'année suivante.

La séparation des œilletons, ou *œilletonnage*, a lieu en avril. On déchausse d'abord le sujet, de manière à mettre à nu la partie par laquelle les œilletons adhèrent au pied principal. A l'aide de la pointe d'un couteau, les œilletons sont détachés ; mais on a soin, pour assurer la reprise, d'enlever avec eux un petit morceau de la racine du vieux pied, sans toutefois blesser par trop celui-ci. Cela fait, on ramène la terre autour du sujet.

Avant la mise en place, les œilletons sont dressés à la serpette, c'est-à-dire que l'on raccourcit les feuilles au moyen de cet instrument de façon à ce que la partie restante ait à peu près 20 centimètres de longueur, puis on plante en rayons, distants de 80 centimètres environ dans les deux sens.

La plantation se fait au moyen du plantoir dans des trous de 8 à 10 centimètres de profondeur. On serre légèrement la terre autour de chaque pied, puis on arrose au goulot.

Culture.

Après la mise en place des plants d'artichaut, on doit biner et arroser fréquemment. Beaucoup de pieds produiront l'année même de la plantation. La récolte faite, on coupera au niveau du sol les tiges qui auront produit, puis on raccourcira les feuilles. Au début de l'hiver, on labourera à la bêche entre les pieds qu'on buttera ensuite pour les préserver de la gelée. Dans la région du Nord, où ces précautions seraient insuffisantes, on abritera les plants par une litière. En hiver, quand la température sera suffisamment douce, on pourra découvrir la butte afin de permettre à l'air de circuler autour du pied.

Au printemps suivant, on abat les buttes ; on pratique un labour, au cours duquel on fume le sol ; puis on procède de nouveau à l'œilletonnage ; car il est bon, chaque année, de remplacer une partie des pieds par de jeunes plants. On ne conservera pas un même sujet pendant plus de quatre années.

Lorsqu'on ne voudra récolter qu'au printemps, on plantera les œilletons au mois de juillet.

Quelques horticulteurs forcent les artichauts sous châssis. Pour cela, ils les mettent en novembre sur une couche qu'ils entourent d'un réchaud. Les châssis sont couverts de paillassons pendant la nuit. Pendant le jour les panneaux sont soulevés toutes les fois que la température le permet.

Variétés.

Les variétés d'artichaut sont très nombreuses. Nous citerons celles qui nous paraissent les plus recommandables.

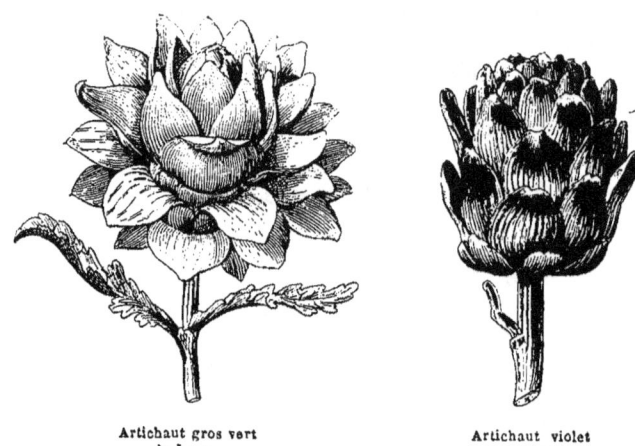

Artichaut gros vert de Laon.

Artichaut violet hâtif.

L'artichaut *gros vert de Laon* est le plus répandu sur le marché de Paris. Il se multiplie bien par le semis; le réceptacle est très gros et très charnu.

L'artichaut *vert de Provence*, ou artichaut *pointu précoce d'Alger*, est moins volumineux que l'artichaut de Laon. La tête est généralement consommée crue, à la poivrade.

L'artichaut *camus de Bretagne* est hâtif. On le cultive surtout dans l'ouest de la France. Les écailles, vertes au milieu, sont brunâtres sur les bords.

L'artichaut *violet* se cultive surtout dans le Midi. Il est précoce ; sa tête est relativement petite. On le consomme frit ou à la poivrade.

L'artichaut *gris* se rencontre souvent aux environs de Narbonne, d'où, pendant l'hiver, on l'expédie en grande quantité sur Paris.

Ennemis.

Les pieds d'artichaut sont souvent ravagés par le *mulot*, quadrupède qui cause du tort à beaucoup de légumes. Parmi les

Mulot.

insectes, le ver blanc et la courtilière sont ceux qui occasionnent le plus de dégâts. Pour les éloigner, il suffit de cultiver des laitues entre les rayons d'artichauts. Quant au puceron, qui s'introduit souvent dans les têtes, on est obligé de l'y laisser, car le jus de tabac additionné d'eau qu'on emploierait pour s'en débarrasser donnerait un goût désagréable à l'artichaut.

CHAPITRE V

ÉPINARD, TÉTRAGONE, ARROCHE, OSEILLE

Épinard.

L'épinard se propage de semis, qu'on peut pratiquer à partir du mois de mars. En les échelonnant de quinze en quinze jours, on récoltera ce légume pendant longtemps, les semis

Épinard monstrueux de Viroflay.

pouvant être faits jusque vers la fin d'août. L'épinard doit être semé à demeure, en lignes éloignées de 25 à 30 centimètres. Pendant la végétation, on doit arroser fréquemment et abondamment.

L'épinard monte très rapidement en graine, mais la fructification se fait plus lentement lorsque le semis a eu lieu à une époque tardive de l'année. On récolte six semaines environ après le semis, en coupant avec l'ongle les feuilles les plus avancées, qui sont consommées à la manière de l'oseille.

Les meilleures variétés d'épinards sont :

L'épinard *ordinaire*, qui se rapproche le plus du type sauvage, dont les graines sont piquantes; l'épinard *d'Angleterre*, aussi à graines piquantes; l'épinard *de Hollande*, à graines rondes inermes; l'épinard monstrueux de Viroflay, à feuilles très larges; l'épinard *à feuille d'oseille;* l'épinard *à feuille de laitue*, et enfin l'épinard *lent à monter*.

Les sujets dont on veut avoir de la graine doivent être semés au mois de septembre. En juillet suivant, la fructification est terminée et l'on peut récolter la semence. Comme les fleurs mâles et les fleurs femelles sont portées sur différents pieds, il faut avoir soin de laisser à côté des pieds femelles quelques sujets portant des organes mâles.

La *noctuelle* et le *ver gris* sont deux ennemis dangereux : ils détruisent parfois en grande partie les plantations d'épinards. Deux maladies sont à craindre : la *jaunisse*, due à la trop grande chaleur, qu'on combat par des arrosages abondants, et la *fonte* ou pourriture, due à l'humidité du sol.

Tétragone.

La tétragone, originaire de la Nouvelle-Zélande, présente une grande analogie avec l'épinard; elle sert pendant l'été aux mêmes usages et a sur lui l'avantage de craindre moins les chaleurs et de ne pas monter aussi rapidement en graine; on l'appelle encore épinard d'été.

Tétragone.

La tétragone peut croître dans les lieux arides, où la culture de l'épinard présenterait plus de difficultés. On la reproduit par semis, soit sur couche en février et mars, avec des graines qu'on a fait séjourner quelque temps dans l'eau, pour repiquer ensuite en rayons espacés d'environ 60 centimètres, soit immédiatement en place au mois de mai. La culture de la tétragone ne réclame presque aucun soin. La plupart du temps on laisse la plante se reproduire d'elle-même par ses graines, qui tombent sur le sol en automne et lèvent au printemps; puis on repique lorsque les plants ont acquis assez de vigueur.

La tétragone, assez peu cultivée dans le nord de la France, est plus répandue dans les provinces du Midi, car cette plante demande peu d'eau pour donner d'excellents produits. La saveur en est agréable.

Arroche.

Depuis longtemps l'arroche a pris place dans les jardins potagers. C'est une plante annuelle analogue à l'épinard. On la sème généralement en rayons et en place au mois de mars. Comme la tétragone, elle produit en été et craint peu la chaleur. Après la levée, on éclaircit; on se borne ensuite à arroser de temps en temps.

L'arroche fructifie très rapidement; aussi, pour en prolonger la consommation, fait-on plusieurs semis à quelques jours de distance, depuis le mois de mars jusqu'au mois de septembre.

L'arroche des jardins est un excellent légume, qui mériterait d'être répandu davantage. Les variétés les plus cultivées aujourd'hui sont :

Arroche blonde.

L'arroche *blonde*, l'arroche *rouge foncé* et l'arroche *verte*. Ces trois variétés diffèrent surtout par la couleur des feuilles.

On mélange généralement l'arroche à l'oseille, dont elle adoucit la saveur acide. On peut la mélanger encore à l'épinard ou même la consommer seule.

Pour récolter la graine de cette plante, on coupe, au mois de septembre, les tiges avant que la maturité ne soit complète, puis on laisse finir la maturation dans un lieu sec.

Oseille.

L'oseille peut se multiplier par semis ou par division des touffes. Le semis se fait en rayons, de mars en juillet. On répand sur la graine une légère couche de terreau, puis on arrose à la pomme.

On éclaircit plus tard les jeunes plants, et deux mois ou deux mois et demi après le semis on peut commencer à récolter, en tirant à la main les feuilles les plus avancées. La deuxième cueillette est faite en fin octobre ; on bine ensuite légèrement le sol, puis on couvre les plants d'un paillis. La culture de l'oseille demande de nombreux arrosages.

Lorsqu'on multiplie par division des touffes, cette opération se fait au commencement d'avril. On emploie surtout cette méthode quand on veut obtenir une bordure formée essentiellement d'oseille à fleurs mâles. Dans ce cas, la fécondation ne se produisant pas, les sujets conservent leur vigueur et donnent de beaux produits. Un même pied peut fournir des feuilles pendant trois ou quatre années consécutives. Lorsque certains plants sont entièrement épuisés, on peut les remplacer par d'autres, en séparant les touffes ou en pratiquant un nouveau semis.

Oseille de Belleville.

L'oseille peut être soumise à la culture forcée. Pour cela, on plante en novembre sur une couche tiède chargée de quelques centimètres de terreau. On donne de l'air aussi souvent que faire se peut. La nuit, on couvre les panneaux de paillassons.

Les principales variétés d'oseille sont : l'oseille *de Belleville*, très répandue dans les environs de Paris ; l'oseille *vierge*, qui monte vite en graine ; l'oseille *ronde*, très acide ; l'oseille *épinard* ou *patience*, très productive et non acide.

Les porte-graines sont semés en juillet ; l'année suivante, à la même époque, on peut récolter de la semence.

L'oseille souffre parfois des attaques de plusieurs sortes de chenilles. On s'en débarrasse au moyen de jus de tabac additionné de quatre fois son volume d'eau, ou encore avec de l'eau de savon.

CHAPITRE VI

LAITUES, CHICORÉES, CÉLERI

Laitues.

La laitue est une des salades les plus estimées. On en cultive deux espèces principales : la laitue *pommée* et la laitue *romaine* ou *chicon*, qui toutes deux renferment un nombre considérable de variétés. On classe ces variétés suivant l'époque de leur consommation. Nous étudierons donc successivement les laitues *d'hiver*, les laitues *de printemps* et les laitues *d'été*, puis, dans un quatrième groupe, les laitues *à couper*, qui se cultivent en toute saison.

Laitues d'hiver. — Le semis des laitues d'hiver a lieu pendant la deuxième quinzaine d'août et la première de septembre. A la fin d'octobre on procède à la mise en place, qui se fait, autant que possible dans une plate-bande bien exposée et abritée des vents par un mur. Pendant les froids, on couvre les plants avec de la litière et on leur laisse prendre l'air aussi souvent qu'on le peut sans danger pour la végétation. Ces variétés craignent généralement peu la neige ; aussi peut-on les laisser en place sans risquer de les perdre. Leur croissance, quelque temps arrêtée par la mauvaise saison, reprend avec une vigueur nouvelle dès que les froids ont cessé. Vers la fin d'avril on peut récolter les premiers plants. La cueillette pourra se continuer pendant cinq ou six semaines.

Nous citerons parmi les laitues pommées d'hiver :

La laitue *Passion*, très rustique et qui n'est guère employée que pour les semis d'hiver, car elle monte rapidement en graine pendant la belle saison ;

La laitue *morine*, peu volumineuse, mais assez rustique, très estimée ;

La laitue *brune d'hiver*, très rustique, mais qui a l'inconvénient de monter vite en graine ;

La laitue *rouge d'hiver*, variété hâtive et très productive.

Nous mentionnerons parmi les romaines d'hiver dont la culture est identique à celle des laitues pommées :

La romaine *verte d'hiver*, rustique et très productive ; on a coutume de lier les romaines qui pomment rarement seules, pour permettre aux feuilles internes de blanchir ; cette précaution est inutile pour cette variété ;

La romaine *royale verte*, ressemblant assez à la précédente, mais plus large et d'un vert moins foncé ;

La romaine *rouge d'hiver*, rustique et productive, lente à monter et pommant naturellement.

Laitues de printemps. — La culture des laitues de printemps diffère de celle des laitues d'été. On pratique en mars le semis sur couche tiède ou bien en terre terreautée située à bonne exposition. Le repiquage se fait au mois d'avril ; on peut récolter à partir du commencement de juin.

Les laitues de printemps sont aussi utilisées pour la culture forcée. Dans ce cas on les sème en octobre sur couche et leur croissance se fait entièrement sous châssis. Nous recommanderons pour la culture forcée la laitue crêpe et la laitue gotte.

Les laitues pommées de printemps les plus estimées sont :

La laitue *crêpe à graine noire*, hâtive, convenant admirablement pour la culture sous châssis ; on l'appelle aussi laitue *petite noire* ;

La laitue *gotte à graine blanche* ou laitue *gau*, très productive et très rustique ; comme elle occupe peu de place, on peut la planter en laissant des intervalles moins grands que pour les autres variétés ;

La laitue *gotte lente à monter*, hâtive et productive, à pomme serrée, d'excellente qualité ;

La laitue *à bord rouge*, de formation lente, mais des plus productives.

Les romaines de printemps les plus cultivées sont :

La romaine *verte maraîchère*, très estimée ; elle se développe rapidement ;

Laitue Passion. — Laitue morine.
Laitue crêpe. — Laitue palatine.
Romaine rouge d'hiver. — Romaine blonde maraîchère.

La romaine *blonde maraîchère,* qu'on soumet parfois à la culture forcée; elle est très volumineuse, mais un peu moins précoce que la précédente.

Laitues d'été. — Les laitues d'été sont faciles à cultiver. Le semis qu'on fait en pépinière peut avoir lieu depuis le mois de

mars jusqu'au mois de juillet. Lorsque les plants peuvent supporter la transplantation, on les repique, puis plus tard on procède à la mise en place. Pendant le développement des laitues d'été, on aura soin d'arroser fréquemment et abondamment. On pourra, pour modérer l'évaporation de l'eau, couvrir le sol d'un paillis.

Nous citerons parmi les variétés de laitues pommées d'été :

La laitue *blonde d'été,* très cultivée, petite mais productive; elle est assez précoce ;

La laitue *blonde de Versailles,* plus volumineuse que la précédente, de qualité à peu près égale ;

La laitue *grosse blonde paresseuse,* très développée et très productive, qui réussit presque partout ; sa pomme, très tendre, est d'excellente qualité ;

La laitue *palatine,* productive et réclamant peu de soins; sa culture est très avantageuse;

La laitue *Batavia blonde*, dont la pomme est relativement volumineuse.

Les romaines d'été les plus estimées sont :

La romaine *alphange à graine blanche*, très volumineuse, mais qui forme péniblement sa pomme ;

La romaine *alphange à graine noire*, qui, comme la précédente, doit être liée pour pommer ;

La romaine *brune anglaise à graine blanche*, dont les feuilles extérieures ont une teinte bronzée ; elle est très rustique ;

La romaine *brune anglaise à graine noire*, qui ne diffère guère de la variété précédente que par la couleur de sa graine ;

La romaine *panachée à graine blanche*, dont les feuilles présentent des taches rouges ; la pomme est difficile à former, aussi doit-on lier soigneusement.

Laitues à couper. — Les laitues à couper sont cueillies jeunes avant la formation entière de leur pomme. On les cultive dans toutes les saisons ; elles se sèment depuis mars jusqu'en novembre, souvent au milieu des autres légumes. On n'emploie pas pour ce mode de culture des races spéciales ; on utilise le plus souvent des variétés précoces telles que la laitue gotte et la laitue crêpe.

Les laitues qui doivent donner la graine sont choisies parmi celles qui présentent les plus belles pommes. On peut les laisser en place ou les transplanter. Quand les tiges sont développées, on les maintient au moyen d'un tuteur. On suit pendant la fécondation les règles générales que nous avons indiquées (page 31). On coupe les tiges avant l'entière maturité, d'ordinaire au commencement d'août, puis lorsqu'elles sont sèches on les bat pour en faire tomber la graine.

Les laitues ont à craindre les *colimaçons* et les *limaces*, que l'horticulteur doit détruire toutes les fois qu'il les rencontre. Plusieurs *pucerons* sont aussi très dangereux. Les arrosages réitérés contribuent à les détruire. On achève de s'en débarrasser par les seringages au jus de tabac additionné de quatre fois son volume d'eau, ou à l'eau dans laquelle on a fait dissoudre du savon noir. Le *blanc* ou *meunier*, occasionné par un champignon microscopique, est aussi un ennemi redoutable des laitues ; on n'a pas encore trouvé le moyen de les en préserver.

Chicorées.

On distingue dans la culture plusieurs espèces de chicorées. Nous étudierons successivement la chicorée *endive* qui comprend la chicorée *frisée* et la chicorée *scarole*, puis la chicorée *sauvage* qui a produit la *barbe-de-capucin*, la chicorée *à grosse racine* ou *à café*, la chicorée *Witloof* et la chicorée *à couper*.

Chicorée endive. — La culture de la chicorée endive est assez facile. Cette plante se développe rapidement, ce qui permet d'en faire plusieurs saisons dans la même année. La chicorée se reproduit par semis qu'on pratique à la volée en pleine terre depuis le mois d'avril jusqu'à septembre. Plus tard, durant les mois de septembre et d'octobre, le semis est effectué sous cloche ; dans la suite on le fait sur couche. Quand les jeunes pieds ont acquis une force suffisante, on les repique en rayons éloignés de 30 à 35 centimètres; puis, pendant leur croissance, on les arrose fréquemment.

Les semis du mois d'avril peuvent à la fin de juillet donner des légumes propres à la consommation.

Pour que les chicorées soient plus tendres et plus délicates, on les blanchit lorsqu'on voit que leur croissance est à peu près achevée. Pour cela on relève les feuilles qu'on lie ensemble au moyen d'une torsade de paille ou d'un lien d'osier. Après cette opération les arrosements sont effectués au goulot, de manière à ne pas faire entrer l'eau dans les feuilles dont elle pourrait occasionner la pourriture.

Les salades peuvent être utilisées quinze jours ou trois semaines après qu'on a commencé à les blanchir.

Dans certaines provinces du Midi, on blanchit les chicorées en les recouvrant de terre, procédé que nous ne recommandons pas. Lorsqu'on blanchit pendant les froids, on doit abriter les chicorées au moyen de paillassons; on les transporte dans la serre à légumes et on les y plante dans du sable humide.

Lorsqu'on sème sous cloche, le repiquage se fait également sous cloche, mais la plantation à demeure a lieu sous châssis. Pendant le forçage on soulève les panneaux aussi souvent qu'on le peut sans

Chicorée frisée fine d'été.

Scarole en cornet.

Chicorée frisée de Meaux.

Scarole blonde

compromettre l'opération. Les chicorées semées en septembre ou octobre ont terminé leur croissance dans le courant de janvier ou février.

Quand on cultive sous châssis et sur couche, celle-ci doit avoir une température d'environ 25 degrés. La couche ayant une épaisseur d'à peu près 50 centimètres est recouverte d'une hauteur de

15 centimètres de terreau. Lorsque le semis a été effectué, on se contente de le plomber sans le recouvrir de terre. Le plant développé est repiqué sur une couche de chaleur moindre. La récolte peut commencer fin avril. Vers la fin de mars les plants qui sont encore en végétation sont transplantés en pleine terre, mais abrités toujours par des cloches ou des châssis. Plus tard on enlèvera tout abri.

Pour conserver les chicorées développées avant l'hiver, on peut les arracher en novembre, en laissant la terre adhérente à leur racine. Placées la tête en bas dans la serre à légumes, elles blanchiront naturellement. Si l'on n'en possède qu'un petit nombre, on les abritera par des châssis qu'on posera sur le sol ou bien on les couvrira de paillassons.

Les meilleures variétés de chicorées endives sont, parmi les chicorées frisées :

La chicorée *fine d'été*, appelée encore chicorée *d'Italie*, qui convient à la culture en pleine terre comme à la culture forcée; elle est très répandue ;

La chicorée frisée *de Meaux*, très rustique, qui est une excellente salade d'automne ;

La chicorée frisée *de Picpus* qui est surtout utilisée pour la culture en pleine terre ; elle est rustique ; ses feuilles sont très tendres ;

La chicorée *fine de Rouen* ou chicorée *corne-de-cerf*, très rustique elle aussi, et qui convient admirablement pour la culture en pleine terre ;

La chicorée *mousse*, très productive sous un petit volume ; souvent on la cultive sous cloche ;

La chicorée frisée *de Ruffec*, qui est touffue, très rustique et très recommandable pour la culture en pleine terre ;

La chicorée *toujours blanche*, dont le feuillage est d'un vert très pâle ; on l'appelle aussi chicorée *très frisée dorée*.

Parmi les chicorées scaroles nous mentionnerons :

La scarole *ronde* qui, comme les autres scaroles, est cultivée surtout pour la consommation d'automne ; on la sème la plupart du temps au mois de juin ;

La scarole *blonde*, de couleur vert pâle, très estimée ;
La scarole *en cornet*, dont les feuilles ont effectivement la forme d'un cornet.

Chicorée sauvage. — La chicorée sauvage, avons-nous dit, a donné naissance à la *barbe-de-capucin*, à la chicorée *à café*, à la chicorée *Witloof* et à la chicorée *à couper*.

La culture ordinaire de la chicorée sauvage consiste à semer au printemps, très dru, à demeure et en rayons, dans un sol profondément ameubli et fumé depuis quelque temps. A l'aide d'un couteau on coupe après développement les feuilles les plus avancées. Les mêmes pieds peuvent donner plusieurs récoltes pendant la même année. On fait tous les ans de nouveaux semis.

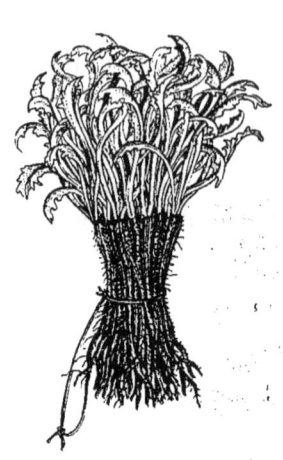

Barbe-de-capucin.

Chicorée à grosse racine de Magdebourg.

Lorsqu'on veut obtenir la barbe-de-capucin, on emploie de jeunes plants de chicorée sauvage qui ont été semés clair en pleine terre, dans le courant de juin. Ces pieds sont déterrés aux approches de l'hiver ; leurs feuilles sont tranchées à 1 centimètre à peu près du collet, puis les racines sont mises en bottes. Le forçage se pratique dans un lieu où ne pénètre pas la lumière, une cave par exemple. On y monte une couche de fumier de cheval de 35 centimètres environ d'épaisseur, et quand sa température est descendue à 20 degrés on y place les bottes les unes à côté des autres, debout et enfoncées d'un tiers environ dans la couche. On bassine en moyenne deux fois tous les jours, et lorsque les feuilles ont atteint une longueur suffisante, on les coupe pour les livrer à la consommation.

Beaucoup d'amateurs emploient une méthode plus simple consistant à placer sur une couche de sable humide les bottes de chicorée, qui croissent moins rapidement il est vrai, mais donnent un produit d'aussi bonne qualité.

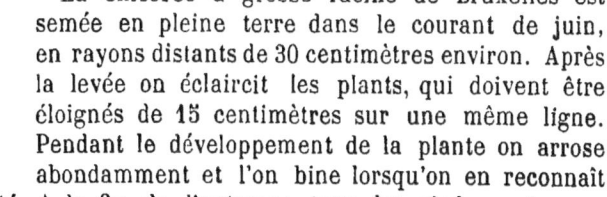

Witloof.

Dans la chicorée *à grosse racine* ou chicorée *à café*, c'est la racine qui est le plus souvent utilisée. En divisant celle-ci en petits morceaux qu'on torréfie ensuite, on obtient un produit qui, mélangé au café, lui donne une saveur assez agréable.

On cultive deux variétés principales de chicorée sauvage à grosse racine : la chicorée *de Brunswick*, très productive, et la chicorée *de Magdebourg*.

Les variétés de chicorées à grosse racine sont également utilisées pour donner la barbe-de-capucin. L'une d'entre elles, la chicorée à grosse racine *de Bruxelles*, qui n'est en réalité qu'une sous-variété de la chicorée à grosse racine de Magdebourg, fournit, par la culture, une salade appelée Witloof. Le Witloof s'obtient par le forçage de cette variété dont les feuilles prennent la forme d'une pomme qui, blanchie, constitue un excellent aliment.

La chicorée à grosse racine de Bruxelles est semée en pleine terre dans le courant de juin, en rayons distants de 30 centimètres environ. Après la levée on éclaircit les plants, qui doivent être éloignés de 15 centimètres sur une même ligne. Pendant le développement de la plante on arrose abondamment et l'on bine lorsqu'on en reconnaît la nécessité. A la fin de l'automne tous les pieds sont arrachés ; on n'utilise que ceux qui ont au moins 3 centimètres de diamètre, dont on supprime les feuilles à quelques centimètres du collet. Les racines elles-mêmes sont habillées, c'est-à-dire qu'on détache les radicelles et qu'on tranche la pointe du pivot, de façon à ce que la partie restante ait à peu près 25 centimètres de longueur. Cela fait, on creuse dans le sol une fosse profonde d'environ 35 centimètres et large de 70 à 80 centimètres, au fond de laquelle on plante les racines verticalement en les enfonçant de 8 ou 10 centimètres et en laissant entre elles un intervalle de 4 à 5 centimètres. On comble ensuite la tranchée avec de la terre terreautée, puis on recouvre le tout d'une épaisse couche de litière ou de 40 centimètres environ de fumier non consommé. Par ce dernier moyen, on obtient généralement au bout d'un mois des pousses blanches d'excellente qualité, qu'on récolte en déterrant jusqu'au collet et en tranchant la base de la pomme.

La chicorée à couper n'est pas, à beaucoup près, la moins estimée comme salade. On la sème au printemps en rayons distants de 25 centimètres. On éclaircit, on sarcle, on bine et on arrose de temps en temps pendant la végétation. Durant l'hiver on enlève les feuilles mortes, puis on recouvre chaque planche d'une couche de terreau, de façon à cacher complètement les feuilles. Vingt ou vingt-cinq jours après cette opération on peut commencer la récolte.

Chicorée sauvage améliorée.

Les variétés de chicorée à couper les plus estimées sont :

La chicorée sauvage *améliorée*, issue du type sauvage qui croît spontanément en France; ses feuilles sont enroulées en cornet;

La chicorée sauvage *améliorée panachée*, variété analogue à la précédente, mais dont les feuilles sont tachées de brun;

La chicorée sauvage *améliorée frisée*, dont les feuilles présentent des découpures fines et sont légèrement cloquées ; c'est, de toutes les variétés sauvages, celle qui se rapproche le plus de la chicorée endive.

Les graines de chicorée sont obtenues par un battage des tiges florales qu'on a coupées un peu avant maturité.

Le *ver gris* de la *noctuelle des moissons* dévaste parfois les plantations. Il faut le rechercher et le détruire.

Céleri.

Le pétiole des feuilles du céleri et quelquefois les feuilles elles-mêmes fournissent un assaisonnement et une salade fort appré-

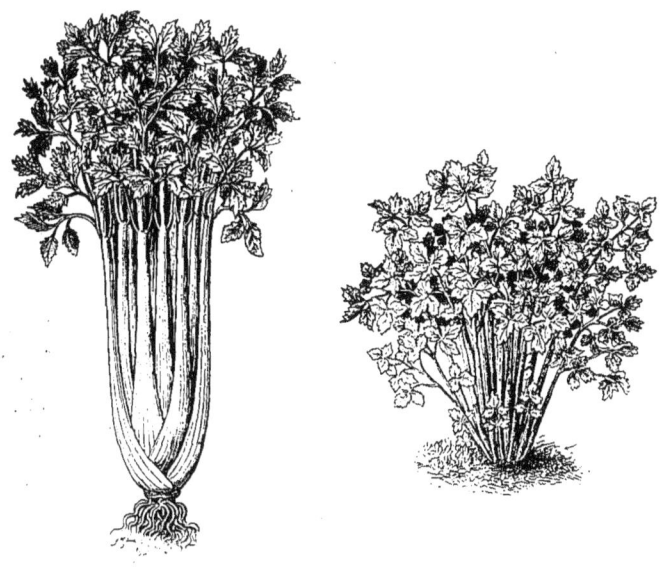

Céleri plein blanc doré. Céleri creux.

ciés. Nous ne parlerons pas ici du céleri-rave, dont nous nous sommes occupé précédemment. Nous décrirons seulement la culture des variétés dont on utilise les côtes.

Le céleri réclame un sol frais et substantiel. On le reproduit de semis qui se font depuis février jusqu'à juin, d'abord sur couche pour repiquer sur couche et planter en pleine terre, puis à partir d'avril directement en pleine terre, mais jamais en place. La plantation à demeure est effectuée en rayons éloignés de 25 centimètres dans les deux sens. Pour faciliter la croissance, on sarcle et on arrose fréquemment.

Avant de les livrer à la consommation on a coutume de blanchir les pétioles, ce qui se fait ordinairement par un buttage. On lie d'abord toutes les feuilles à l'aide d'une torsade de paille, puis on ramène la terre autour de chaque pied, une première fois jusqu'au tiers de la hauteur ; au bout de huit jours on monte la butte jusqu'aux deux tiers et enfin, huit jours après, on complète l'opération en ne laissant sortir que l'extrémité des plus grandes feuilles.

Nous citerons parmi les variétés de céleri :

Le céleri *plein blanc doré,* excellente race à côtes très développées ;

Le céleri *turc,* qui est de moins en moins cultivé, malgré sa qualité ;

Le céleri *plein blanc court hâtif,* moins vigoureux que les précédents ; ses feuilles sont nombreuses ; on peut le butter sans le lier auparavant ;

Le céleri *violet de Tours,* dont les côtes ont une teinte violacée ; il est très rustique et très estimé ;

Le céleri *petit* ou céleri *creux;* cette dernière dénomination lui vient de ce que ses côtes sont creuses ; on utilise aussi ses feuilles.

Les porte-graines, arrachés en novembre, sont plantés en motte à distance de 55 à 60 centimètres. Ils sont fortement buttés et recouverts d'une épaisse litière, ce qui leur permet de passer l'hiver sans avoir rien à craindre du froid. Au commencement de septembre de l'année suivante on pourra cueillir les graines.

CHAPITRE VII

PISSENLIT, MACHE, POURPIER, CRESSONS

Pissenlit.

Le pissenlit croissant à l'état spontané dans presque toute la France, on le cultive rarement dans le potager : on se contente souvent de l'aller cueillir dans les prés où il se trouve parfois en grande quantité.

Pissenlit amélioré à cœur plein.

Le pissenlit est une plante vivace qui ne craint ni la grande chaleur ni les températures basses. On le reproduit par ses graines qu'on peut semer depuis la fin de février jusqu'à la mi-juin. Mieux vaut cependant n'ensemencer qu'en juin, car dans ce cas les plants ne fleurissent pas la même année.

Le semis peut se faire soit en pépinière, soit en place. Dans le premier cas on opère à la volée sur un sol bien labouré, puis on recouvre la semence d'une légère couche de terreau. Quand les plants ont acquis une vigueur suffisante, on les met en place en lignes éloignées de 10 centimètres dans les deux sens.

Cueillies dans les prés, les feuilles de pissenlit constituent une excellente salade mais pour les manger avec toute leur saveur;

il faut qu'elles aient été blanchies; dans les jardins, il suffit pour cela de recouvrir de terre chaque pied, opération qui se fait au mois de novembre : privées de lumière les feuilles perdent rapidement leur couleur verte.

On cultive ordinairement deux variétés de pissenlit : le pissenlit *à cœur plein* et le pissenlit *amélioré mousse*. La seconde est la plus estimée.

Les quelques sujets qu'on réserve pour porter les graines ne sont pas blanchis; à la fin de mai de la seconde année on peut récolter la semence.

Mâche.

La mâche, boursette ou doucette, croît naturellement dans toute la France et dans une grande partie de l'Europe. C'est un légume annuel, très estimé comme salade. On reproduit la mâche de semis qu'on fait en août, très clair et à la volée, dans un sol bien ameubli par un labour.

Après l'ensemencement, le terrain est hersé à la fourche, puis on répand à sa surface une petite couche de terreau. Pendant la période de germination, on arrose de temps en temps. Durant sa croissance, la mâche réclame de nombreux sarclages. Semée en août, elle est généralement propre à la consommation dans le courant d'octobre. Lorsqu'on veut assurer sa production pendant l'hiver, on pratique un semis en septembre, mais en ce cas, pendant les froids,

Mâche à feuilles rondes.

les pieds doivent être abrités par une forte litière. Il en sera de même pour la mâche de printemps, qu'on sèmera en octobre.

Il n'est pas indispensable que la mâche soit cultivée dans un terrain qu'on lui réserve spécialement. On peut la semer très clair parmi les autres légumes tels que choux-fleurs et chicorées, auxquels elle ne nuira aucunement.

On cultive plusieurs variétés de mâche ; nous citerons la mâche *à feuilles rondes* et la mâche *verte d'Étampes*. Une troisième variété, la mâche *régence*, est plus volumineuse, mais aussi plus tardive que les précédentes. On la cultive de la même façon, toutefois le semis se fait plus clair et de préférence dans le courant d'octobre.

Pour porter la graine on laisse quelques pieds des semis d'automne. La floraison se fait en mai ; en juin, on peut récolter la semence.

Pourpier.

Le pourpier est une plante relativement peu cultivée, car on ne l'utilise que pour servir de garniture aux salades. Toutes les variétés de pourpier sont comestibles, mais une seule est cultivée dans le potager, c'est le *pourpier doré,* dont on mange les feuilles et les pousses quand elles sont encore jeunes.

Pourpier doré.

Lorsque, dans un coin du jardin, on veut établir une plantation de pourpier, on a recours au semis, qu'on pratique à la volée, dans un sol bien ameubli. On herse ensuite à l'aide du râteau, puis on étend une couche très légère de terreau. Le semis peut avoir lieu depuis le commencement de mai jusqu'à la fin de juillet. Si on l'exécute pendant la sécheresse, il est nécessaire d'arroser de temps en temps, d'abord pour faciliter la germination de la semence, plus tard pour favoriser la croissance de la plante. Ces arrosements contribueront à rendre les légumes tendres et savoureux.

Lorsqu'on a pris la précaution de semer très clair, les feuilles prennent plus de développement que lorsque l'on a semé dru et, de plus, on a l'avantage de pouvoir en faire deux récoltes. Lorsqu'on a établi quelques pieds de pourpier dans une planche, il n'est pas nécessaire de semer de nouveau tous les ans. Cette plante se multiplie d'elle-même et certains cultivateurs affirment qu'elle est plus vigoureuse dans ces conditions que lorsqu'on a pris la peine de la semer.

Cressons.

On cultive aujourd'hui deux espèces principales de cressons qui diffèrent beaucoup quant à la culture et par leurs caractères botaniques : ce sont le cresson alénois et le cresson de fontaine.

Cresson alénois. — Le cresson alénois est annuel ; il se reproduit de semis qu'on pratique en pleine terre et en rayons, en fin avril ou au commencement de mai. On recouvre ensuite la graine d'une faible épaisseur de terreau. On récolte quand les feuilles ont atteint une longueur de 8 à 10 centimètres. On peut faire, avec les mêmes pieds, deux cueillettes consécutives. Lorsqu'on échelonne les semis de quinze en quinze jours, la récolte se prolonge pendant plusieurs mois.

On cultive aujourd'hui trois variétés principales de cresson alénois ; ce sont : le cresson alénois *commun*, le cresson alénois *frisé*, et le cresson alénois *à large feuille*.

Après la seconde récolte de feuilles, le cresson alénois donne rapidement des graines : on le laisse en place si l'on en veut obtenir.

Cresson de fontaine. — Le cresson de fontaine, le plus estimé des cressons, est une plante aquatique vivace. Il croît à l'état spontané dans toutes les parties de la France. On le trouve au bord des eaux courantes, la présence d'un cours d'eau étant une condition essentielle pour sa croissance.

Le cresson de fontaine est un légume vivace ; il s'emploie soit pour garnir la viande, soit comme salade. C'est un aliment très sain et très rafraîchissant ; aussi sa culture est-elle aujourd'hui très étendue, mais elle constitue une spécialité et n'est pas à la portée de tous les horticulteurs. Il faut, en effet, pour établir une cressonnière, disposer d'un emplacement où l'on puisse à volonté faire arriver l'eau et d'où elle puisse s'écouler sans empêchement. Lorsqu'on réunit ces conditions, on creuse une fosse à laquelle on donne la longueur de l'emplacement dont on dispose, la largeur variant entre 1 et 2 mètres. La profondeur sera de 35 centimètres et le fond de la tranchée formera une pente inclinée dans la direction du courant d'eau. On labourera le fond de la fosse, puis on le fumera à l'aide de fumier consommé ; cela fait, on laissera arriver l'eau pendant un ou deux jours avant de procéder à la plantation.

Cresson de fontaine.

La multiplication du cresson de fontaine se fait en août par boutures ou plutôt par plants enracinés qu'on met en place dans le sol humide après avoir laissé l'eau s'écouler entièrement. A l'aide du plantoir on fait, au fond de la fosse, des trous éloignés de 8 à 10 centimètres dans l'un et l'autre sens. On place dans chacun trois ou quatre boutures qu'on a soin de ne pas enterrer trop profondément. Pour faciliter la reprise, on fait en sorte, au moyen d'un brise-vent, de donner un peu d'ombre à la cressonnière. Au bout de quelques jours on peut commencer à faire lentement circuler l'eau, qu'on maintient à 3 ou 4 centimètres de hauteur dans la fosse ; la vitesse en est accrue quelques jours après, jusqu'à ce que le cresson soit entièrement sous l'eau. On récoltera au fur et à mesure du développement du cresson, mais on devra veiller à ce que les plantes aquatiques ne viennent pas nuire à sa croissance.

Pour éviter que le cresson ne gèle l'hiver, il faudra que l'eau qui le submerge coule assez rapidement. Il sera bon de ne pas en cueillir pendant les froids.

On peut aussi reproduire le cresson par graines ; nous ne nous étendrons pas sur ce mode de multiplication, aujourd'hui fort peu usité.

Lorsque la production du cresson s'affaiblit, il faut recommencer une plantation qui peut être faite dans la même fosse en ayant soin de renouveler les engrais.

CHAPITRE VIII

PERSIL, CERFEUIL, PERCE-PIERRE, MOUTARDE, BASILIC, THYM, ESTRAGON

Persil.

Le persil se multiplie de semis qu'on fait en pleine terre à partir de mars jusqu'à la fin d'août. On sème très souvent le persil en

Persil nain très frisé.

Persil en fleur.

bordure, car la quantité nécessaire à l'alimentation d'une famille n'est pas très considérable. Cependant les jardiniers le cultivent parfois en planches et, dans ce cas, ils le sèment en rayons distants de 25 centimètres. La levée s'effectue au bout d'un mois à peu près; on éclaircit, puis, pendant la croissance, on sarcle et on arrose. Trois mois après l'ensemencement on peut commencer à cueillir les feuilles les plus avancées.

Le persil redoute les températures basses; aussi, si l'on veut en avoir pendant la mauvaise saison, faut-il prendre soin d'abriter les pieds sous châssis ou de les transplanter sur couche. De cette façon, la production se continuera pendant tout l'hiver. Certains horticulteurs se contentent d'abriter les pieds par de la litière et des paillassons, mais ce procédé est souvent inefficace.

On cultive plusieurs variétés de persil; nous citerons :

Le persil *commun*, le persil *grand de Naples*, le persil *frisé*, le persil *nain très frisé* et le persil *à feuille de fougère*.

Les pieds qu'on destine au rôle de porte-graines sont semés au mois de juin. On les laisse en place durant l'hiver en les abritant par des châssis ou tout autre moyen de protection. Les graines arrivent à maturité en septembre de la seconde année.

Cerfeuil.

Le cerfeuil se plaît surtout dans les lieux ombragés, mais il s'accommode cependant de tous les sols et de tous les climats. On le sème depuis le commencement de mars jusqu'à la fin d'octobre, à la volée ou en rayons éloignés de 25 centimètres. Pour en avoir pendant toute l'année, on échelonne les semis de quinze en quinze jours; car en été le cerfeuil monte très rapidement.

Cerfeuil frisé.

Cerfeuil en fleur.

Les semis pratiqués au printemps ou en été fournissent des sujets dont on n'obtient généralement qu'une récolte; mais ceux qui ont lieu pendant l'automne peuvent produire plus longtemps.

Nous citerons parmi les meilleures variétés de cerfeuil :

Le cerfeuil *commun*, le plus répandu et l'un des plus estimés;

Le cerfeuil *frisé*, plus hâtif que le précédent dont il a toutes les qualités; ses feuilles sont fines et légèrement cloquées;

Le cerfeuil *musqué*, grande plante vivace très différente des précédentes, dont le parfum rappelle celui de l'anis. La graine de cette variété veut être semée aussitôt après sa maturité, car elle conserve mal ses propriétés germinatives; lorsque le semis a lieu en automne, la graine lève au printemps; si l'on sème au printemps, ce n'est que l'année suivante que la graine se développe.

Les porte-graines du cerfeuil commun et de sa variété frisée sont généralement choisis parmi les sujets provenant des semis faits en automne. On ne récolte pas leurs feuilles, afin qu'ils conservent toute leur vigueur. Les graines arrivent à maturité vers le mois de juin.

Perce-pierre.

Perce-pierre.

La perce-pierre ou passe-pierre est une plante qui croît spontanément sur nos côtes. Dans le potager, c'est en septembre qu'on la sème; on peut cependant semer en mars, mais on a reconnu que les semis faits en automne donnaient de meilleurs résultats. Le semis a lieu dans un sol léger et substantiel, autant que possible à bonne exposition, et avec de la graine qui vient d'arriver à maturité. Pendant l'hiver, on abrite les plants avec de la litière. Les feuilles de perce-pierre servent de condiment après avoir été confites dans du vinaigre.

Moutarde.

La moutarde est peu cultivée dans le potager, car elle est surtout l'objet de la culture en grand; c'est une plante très rustique qui ne réclame que peu de soins. On en distingue deux espèces principales : la moutarde *blanche* et la moutarde *noire*. La moutarde blanche s'emploie lorsqu'elle est très jeune, au bout de huit jours de culture généralement ; ses feuilles sont mangées en salade, surtout en Angleterre où on la mélange à la laitue et au cresson alénois. La graine est aussi employée dans la préparation du condiment qu'on appelle moutarde, mais ce sont surtout les grains de la moutarde noire qui servent à cet usage.

Moutarde.

Dans le jardin, la moutarde noire se sème en rayons. Les soins à donner sont presque nuls.

Basilic.

Le basilic est un condiment assez estimé aujourd'hui, bien qu'il soit encore relativement peu cultivé. On le multiplie par semis qu'on fait sur couche pendant les mois de mars et d'avril. Le repiquage a lieu quand les plants ont poussé plusieurs feuilles ; il se fait sur couche ou même encore en pépinière. La mise en place se pratique en pleine terre, vers le milieu du mois de mai.

Grand basilic.

On a soin d'arroser abondamment pendant l'été.

On cultive deux espèces principales de basilic : le *grand* basilic et le *petit* basilic. Tous les deux possèdent la même saveur anisée et peuvent être employés de la même façon ; mais, tandis que la tige du premier peut atteindre jusqu'à 40 centimètres, celle du second dépasse rarement 20 centimètres, ce qui permet de le faire croître en pots.

Thym.

Le thym commun se cultive surtout en bordure. Placé à bonne exposition, il s'accommode de tous les sols. Sa multiplication peut se faire de diverses façons, soit par boutures, soit par division des touffes, soit par semis ; dans la majorité des cas on le reproduit de cette dernière manière, qui est préférable à tous égards.

Thym.

Le semis se fait au mois d'avril, le plus souvent directement en place. Lorsqu'on préfère le pratiquer en pépinière, on met en place dans les mois de juin ou de juillet.

Il suffit de cultiver dans le potager quelques pieds de thym qu'on renouvelle tous les trois ou quatre ans.

Estragon.

L'estragon ne produisant pas de graines, on est obligé de le multiplier par division des touffes ou par boutures qu'on plante de la mi-juillet à la fin d'août. Les travaux de culture que réclame cette plante sont insignifiants. Au début de l'hiver, on coupe ses tiges, puis on recouvre d'un peu de terre ou de litière. Aux environs de Paris, cependant, certains maraîchers cultivent l'estragon sous châssis pour en avoir pendant la mauvaise saison. Dans les jardins, on se borne à la culture naturelle.

Estragon.

L'estragon sert de condiment dans les salades ; on l'emploie surtout pour aromatiser le vinaigre.

QUATRIÈME PARTIE

LES LÉGUMES FRUITS

CHAPITRE PREMIER

COURGES, CONCOMBRES

Courges.

Les courges sont des légumes fort utilisés dans notre alimentation. Quoiqu'il en existe des variétés innombrables, toutes peuvent se cultiver à peu près de la même façon. Dans les courges comme dans les plantes dont nous allons nous occuper, la partie comestible est fournie par le fruit.

Culture. — Les courges se multiplient par semis qu'on ne peut guère pratiquer en pleine terre avant le mois de mai. Pour faciliter la croissance, on sème dans des trous profonds de 50 centimètres de longueur et de largeur variable ; ces trous ont été remplis de fumier qu'on a recouvert de 20 centimètres de terreau. Dans chacun d'eux on place deux ou trois graines.

Le semis, qu'on fait en pleine terre lorsqu'on applique la culture naturelle, peut être pratiqué sur couche, lorsqu'on veut hâter l'époque de maturité des fruits. Dans ce cas on repique sur couche, en ayant soin d'enterrer les plants jusqu'aux cotylédons, pour mettre en place en pleine terre. On peut encore agir différemment en semant dans des pots remplis de terreau qu'on enfonce jusqu'au bord dans la couche. On les y laisse jusqu'à ce que les plants aient acquis assez de force, et que la température extérieure soit devenue suffisamment douce pour que la mise en place puisse s'effectuer sans danger. Après la transplantation, on abrite pendant les premiers jours les jeunes pieds contre l'ardeur du soleil. Lorsqu'on cultive des variétés à tiges *non coureuses*, la mise en place peut être effectuée dans des sillons éloignés de 1^m,50.

Lorsque la tige principale a poussé quelques feuilles, il est utile de la tailler au-dessus de la deuxième pour faciliter le développement de deux rameaux de second ordre qui, après leur croissance, sont taillés eux-mêmes au-dessus de la sixième feuille. De cette façon, les tiges n'emploieront pas pour se développer les substances nutritives qui doivent être utilisées par les fruits.

C'est sur les rameaux de troisième ordre que se formeront les fleurs auxquelles succéderont les courges. Il est bon, si l'on veut obtenir des fruits très volumineux, de n'en conserver que deux ou trois par pied. Après la fécondation, on choisit ceux qui sont les mieux noués, puis on taille la branche à laquelle ils sont attachés au-dessus de la deuxième feuille située au-delà du fruit. On peut encore marcotter les tiges, c'est-à-dire coucher en terre les parties où se trouvent des nœuds, afin de leur faire émettre des racines dites adventives. De cette façon, les courges bénéficieront de l'excédent de nourriture puisé par les nouvelles racines. Si l'on arrose en temps de sécheresse, on pourra obtenir, par tous ces moyens réunis, des fruits d'un volume considérable et d'une chair excellente.

Variétés. — C'est M. Charles Naudin qui, le premier, a établi une classification permettant de ramener à quelques types principaux le nombre infini de variétés de courges qui, jusqu'à lui, avaient été groupées pêle-mêle et considérées comme originaires de plusieurs espèces distinctes. M. Naudin a montré les liens qui existent entre des variétés en apparence très dissemblables, et aujourd'hui sa classification, fort simple, est universellement adoptée.

Nous rapporterons donc, avec M. Charles Naudin, les diverses

COURGES.

Potiron rouge vif d'Étampes.

Potiron gris de Boulogne.

Courge cou tors du Canada.

Courge à la moelle.

Giraumon.

Citrouille de Touraine.

variétés à trois types : le potiron, la courge musquée ou melonnée, la courge pépon ou citrouille.

Nous citerons, parmi les meilleures races de potirons :

Le potiron *jaune gros*, variété à tige rampante, susceptible d'atteindre un volume considérable; son écorce est jaune orange clair; ses côtes ne sont pas très marquées; sa chair jaunâtre est épaisse, mais fine; la saveur en est sucrée; le potiron jaune gros se conserve aisément;

Le potiron *blanc gros;* son volume atteint quelquefois celui du précédent; son écorce est d'une teinte blanc de crème; ses qualités potagères sont les mêmes que celles du potiron jaune gros;

Le potiron *rouge vif d'Étampes;* sa culture s'étend de plus en plus dans les environs de Paris; son écorce est d'un jaune orange foncé; ses côtes sont plus marquées que celles des variétés précédentes;

Le potiron *vert gros* ou potiron *gris*, très volumineux et très rustique;

Le potiron *vert d'Espagne*, race assez estimée, de grosseur moyenne; on le conserve facilement;

Le potiron *gris de Boulogne*, assez volumineux et croissant rapidement; lorsque le fruit est mûr, l'écorce est brodée très finement; il est de facile conservation ;

Le potiron *marron*, appelé aussi courge *marron*, variété vigoureuse, petite, très estimée; l'écorce est rouge vif et ne présente pas de côtes;

Le potiron ou courge *de l'Ohio*, de forme ovoïde; son écorce est rosée ; sa chair jouit d'une excellente réputation;

Le potiron ou courge *de Valparaiso*, dont la forme rappelle celle de la variété précédente; son écorce est grisâtre; on apprécie fort sa chair; malheureusement cette race n'est pas facile à conserver ;

Le *giraumon*, qu'on désigne encore sous le nom de *bonnet turc* et de *turban* et qui a produit beaucoup de sous-variétés; le fruit est petit, sa chair est agréable au goût.

Parmi les courges musquées ou melonnées, nous mentionnerons :

La courge *pleine de Naples*, renflée aux deux extrémités; c'est dans le renflement opposé au pédoncule que se trouvent les graines; cette variété peut atteindre et même dépasser un mètre de longueur; elle est facile à conserver; on la cultive surtout aux environs de Paris où elle est très délicate;

La courge *cou tors du Canada*, hâtive et de facile conservation; comme elle occupe relativement peu de place, on peut la cultiver dans les jardins de faibles dimensions;

La courge *en forme de melon*, variété coureuse, lente à produire; elle est assez estimée;

La courge *olive*, race nouvelle encore peu répandue, mais de très bonne qualité et se conservant très bien.

Parmi les citrouilles, nous citerons :

La courge *à la moelle*, coureuse que les Anglais désignent sous le nom de *vegetable marrow*; on la consomme lorsque les fruits sont à peu près à la moitié de leur croissance; plus tard la chair en serait sèche et de qualité bien inférieure;

La courge *blanche non coureuse*, qui se consomme aussi avant l'entière maturité; elle est allongée et présente cinq côtes nettement dessinées à sa surface;

La courge *d'Italie* ou *coucourzelle*, qu'on livre à la consommation avant que la maturation se soit effectuée;

La courge *sucrière du Brésil*, très coureuse, assez précoce, productive et facile à conserver;

La courge *des Patagons*, dont l'écorce est d'un vert très foncé; son principal mérite consiste dans sa rusticité;

La citrouille *de Touraine*, qui croît presque sans aucun soin de culture; bien qu'elle puisse servir à l'alimentation de l'homme, on l'emploie surtout pour la nourriture des animaux;

Le *Patisson*, ou *Bonnet d'électeur*, très caractéristique par sa forme; on le conserve facilement.

Les variétés les plus volumineuses sont surtout cultivées par les maraîchers, qui trouvent toujours un débouché dans les grandes villes. Dans les potagers d'amateur on cultive ordinairement les variétés d'un volume médiocre, car les gros fruits ne pouvant être consommés en une fois, se gâtent lorsqu'ils sont entamés. Il est d'ailleurs facile, avec les grosses races, d'obtenir des fruits d'un volume moyen : il suffit d'en conserver quatre ou cinq par pied au lieu d'un seul.

La graine qui doit servir aux semis de courges ne doit être prise que dans les fruits qui présentent tous les caractères qu'on veut obtenir.

Concombres.

Culture. — Sous notre climat, les concombres peuvent être cultivés en pleine terre. Ce procédé est le plus simple et le plus répandu aujourd'hui.

La multiplication se fait par semis de graines, qu'on pratique au mois de mai, directement en place, en côtière et généralement sur une seule ligne. La distance qu'on laisse entre deux pieds est d'environ $1^m,35$; on étend ensuite un paillis. Pour faciliter la croissance, on arrose fréquemment. Quand la tige principale a donné naissance à cinq ou six feuilles, on la taille au-dessus de la seconde; plus tard, les deux branches latérales subissent le même traitement au-dessus de la cinquième ou de la sixième; lorsque les premiers fruits sont noués, on coupe les rameaux qui portent ceux que l'on veut conserver à deux feuilles au-dessus d'eux. Cette opération, qui se pratique quand le fruit a obtenu la moitié de sa grosseur, se continue au fur et à mesure de la production des concombres. On en conserve ainsi une douzaine par pied. Si l'on cultive des concombres à cornichons, on laisse les plants fournir tout ce qu'ils peuvent donner, et les fruits sont cueillis jeunes, lorsqu'ils ont atteint de 6 à 10 centimètres de longueur. Pour les autres variétés, on récolte en août ou septembre, sur les pieds semés dans le courant du mois de mai.

CONCOMBRE CORNICHON VERT PETIT DE PARIS

Quand on veut pratiquer la culture forcée, on sème sur couche chaude et sous châssis dès le commencement de février; quand les plants ont poussé quelques feuilles, on les repique sur une seconde couche. Au bout de deux ou trois semaines, on procède à la mise en place en arrachant les pieds en motte, pour les planter de nouveau sur couche. On place quatre sujets sous un même châssis, on étend ensuite un paillis, puis on arrose pour aider à la reprise. Pendant leur développement, les tiges sont taillées comme nous l'avons indiqué précédemment.

Dans la suite, les seuls soins de culture consistent à donner de l'air toutes les fois qu'on le peut, et à arroser de temps en temps. Vers la fin d'avril, la plupart des fruits sont mûrs et peuvent être récoltés.

Variétés. — Nous citerons, parmi les variétés de concombre les plus estimées :

Concombre brodé de Russie.

Le concombre *de Russie*, très employé pour la culture forcée ; il est petit, mais très précoce ; il n'est pas nécessaire de le tailler ;

Le concombre *blanc très gros de Bonneuil*, dont le fruit ovoïde est assez volumineux ; il est très cultivé aux environs de Paris ;

Le concombre *jaune gros*, allongé, assez précoce ;

Le concombre *vert long anglais*, race de bonne qualité, très répandue en Angleterre ; elle a produit un certain nombre de sous-variétés ;

Le concombre *à cornichons*, très productif, et qui, confit dans du vinaigre, fournit un condiment fort apprécié.

Pour obtenir la graine de concombre, on laisse pourrir sur la tige les fruits dont on veut l'extraire, on les ouvre ensuite, puis on en retire la graine qu'on lave et qu'on fait sécher.

Les concombres sont souvent atteints par les pucerons, dont on les débarrasse par le jus de tabac additionné d'eau. Un autre insecte, la *grise*, cause souvent des dégâts importants. On n'est pas encore parvenu à en arrêter les ravages.

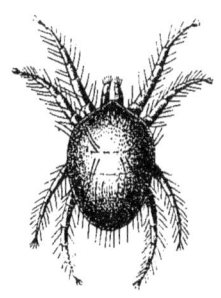

Grise (très grossie).

CHAPITRE II

LE MELON

Le melon est un légume qui réclame, pour prospérer, un sol chaud, riche en matières fertilisantes ; c'est pourquoi, dans la plus grande partie de la France, on le cultive sur couche. Nous dirons cependant quelques mots de la culture naturelle, qui, bien qu'elle soit rarement pratiquée, présente assez d'intérêt dans les provinces du Midi.

Culture naturelle.

Dans la culture naturelle, les graines sont cependant semées sur couche dans le courant d'avril ; mais au mois de mai on effectue la mise en place dans des trous qu'on a remplis préalablement de 25 à 30 centimètres de fumier, sur lequel on a étendu une couche de terreau. La mise en place est pratiquée en lignes plus ou moins éloignées, selon les variétés que l'on cultive ; les plants que l'on transplante ainsi ont été auparavant taillés au-dessus de la deuxième feuille. Pour faciliter la reprise, on les abrite au moyen de cloches pendant les premiers jours, puis, lorsqu'ils continuent à croître et que la température est assez élevée pour qu'ils n'aient plus rien à craindre, on enlève définitivement les cloches. Dans la suite de la végétation, deux rameaux se développent, qui sont taillés au-dessus de la sixième feuille. Lorsqu'un fruit commence à se former, on coupe la branche qui le porte au-dessus de la seconde feuille, placée au delà du point d'attache.

La taille que nous indiquons n'est pas rigoureuse, certains horticulteurs taillent différemment, d'autres ne taillent pas du tout. Quoi qu'il en soit, le système auquel nous nous rattachons a pour lui de nombreux partisans, et les résultats qu'il donne sont presque toujours satisfaisants. Remarquons, toutefois, que dans la culture naturelle la taille n'est pas indispensable.

Une question importante pour le jardinier consiste à savoir à quelle époque les melons veulent être cueillis pour avoir toute leur saveur et posséder tout leur arôme. Il est plusieurs signes auxquels on peut reconnaître qu'un melon est arrivé à maturité. Le plus ordinairement, de petites fissures se produisent autour de la queue; il semble que le pédoncule veuille se détacher entièrement; le parfum que répand le fruit devient plus pénétrant; la couleur de l'écorce, plus claire; la partie située à côté de l'œil est plus molle. Lorsque le melon est arrivé à cette époque de son développement, on peut le cueillir en tranchant le pédoncule à 8 ou 10 centimètres de son point d'attache. On peut le porter au fruitier, où il restera quelques jours pour achever de mûrir avant d'être consommé.

Quoique plusieurs variétés annoncent leur maturité par l'ensemble de ces caractères, il ne faut pas oublier que certaines ne la manifestent que par l'un ou l'autre de ces signes. Un seul peut, d'ailleurs, suffire pour guider l'horticulteur.

Culture forcée.

Dans la culture forcée, les graines de melon sont semées, à partir de la mi-janvier, sur une couche ayant une température de 25 degrés environ. On ouvre, à la surface, un sillon dans lequel on place la semence, puis on recouvre celle-ci d'un peu de terreau. Cela fait, on met en place les châssis, qui sont entourés d'un réchaud. Pendant la nuit, on les abrite par des paillassons. Quand les plants auront percé la surface du sol, on pourra leur donner un peu d'air.

C'est lorsque les pieds ont poussé un bourgeon terminal qu'a lieu l'opération du repiquage. Le repiquage peut se faire sur la même couche, si elle a conservé une chaleur suffisante. Le meilleur moyen consiste à repiquer dans des pots, qu'on enfonce jusqu'au bord dans la couche, ce qui permet, lorsque la température de celle-ci vient à s'abaisser, de transporter les plants sur une

MELONS.

Melon Cantaloup d'Alger.

Melon Cantaloup noir des Carmes.

Melon Cantaloup Prescott fond blanc de Paris.

Melon Cantaloup Prescott hâtif à châssis.

Melon de Honfleur.

Melon maraîcher rond de Paris.

seconde sans aucun arrêt dans la végétation. Pour faire émettre aux sujets des racines plus nombreuses, on les enterre jusqu'aux cotylédons; ils sont ensuite légèrement bassinés. Afin de faciliter la reprise, on couvre les châssis de paillassons pendant deux ou trois jours; dans la suite, on laisse pénétrer l'air de temps en temps, mais seulement lorsque la température est au-dessus de zéro.

Quinze ou vingt jours avant le repiquage, on procède à la plantation. La mise en place se fait ordinairement sur une couche en tranchée. On y plante deux sujets sous un même châssis. Ces sujets doivent être taillés comme nous l'avons indiqué précédemment.

Le mode de culture dont nous venons de parler s'applique aux variétés précoces qu'on veut faire produire en mai ou en juin, et qui, par conséquent, sont semées en janvier ou février. Celles qu'on sème au commencement d'avril sont d'une culture beaucoup moins assujettissante.

Le semis se fait comme précédemment, sur couche et sous des châssis ou des cloches. On met en place sur une seconde couche, en éloignant les pieds de 60 à 65 centimètres; on plante sur une seule ligne et on place les cloches qu'on soulève à l'aide de crémaillères, toutes les fois qu'on le juge utile; on les enlève tout à fait lorsqu'elles ne sont plus nécessaires.

Variétés.

Nous classerons les melons en deux catégories qui comprennent presque toutes nos variétés cultivées : ce sont les melons *cantaloups* et les melons *brodés*.

Parmi les variétés de cantaloup nous citerons :

Le melon cantaloup *d'Alger,* fort estimé tant à cause de sa rusticité que pour la saveur sucrée de sa chair;

Le melon cantaloup *noir des Carmes,* dont l'écorce est d'une couleur verte très foncée; la chair, rouge vif, est de première qualité;

Le melon cantaloup *Prescott fond blanc de Paris,* dont les

côtes sont profondément marquées; c'est une race des plus répandues;

Le melon cantaloup *Prescott fond blanc argenté*, très cultivé aux environs de Paris;

Le melon cantaloup *Prescott petit hâtif à châssis*, l'un de nos

meilleurs melons, qui convient admirablement pour la culture forcée;

Le melon cantaloup *sucrin à chair verte*, dont la saveur est des plus délicates.

Nous mentionnerons parmi les melons brodés :

Le melon *ananas*, de petit volume, mais en revanche très productif; sa chair sucrée possède un parfum agréable;

Le melon *maraîcher*, de forme sphérique; l'écorce est presque entièrement couverte de petites lignes fines entrelacées qui constituent la broderie;

Le melon *de Honfleur*, très volumineux; il est rustique et de bonne qualité; c'est l'un des plus fréquemment employés pour la culture en pleine terre;

Le melon *de Cavaillon à chair rouge*, généralement fort apprécié;

Le melon *sucrin de Tours;* l'écorce est couverte de broderies grossières; la chair est de bonne qualité;

Le melon *vert à rames,* excellente variété qu'on cultive généralement en guidant les tiges sur un treillage; il est peu volumineux, mais sa chair a une saveur très relevée.

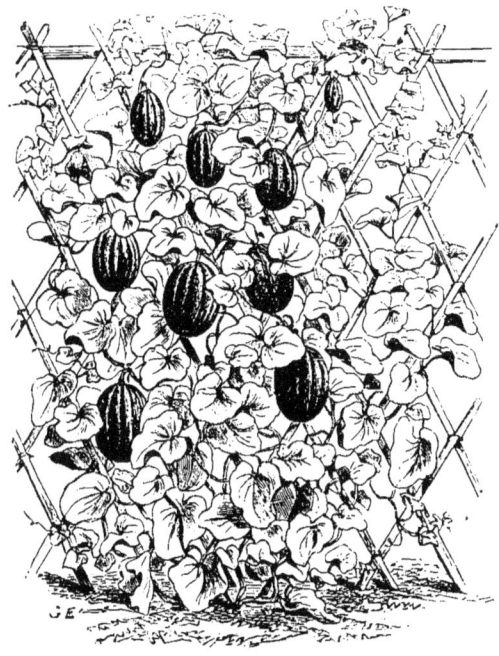

Melon vert grimpant à rames.

Les graines de melon doivent être prises dans les sujets qui réunissent au plus haut degré les qualités qu'on recherche. Il faut toujours éviter l'hybridation entre des races différentes.

Ennemis.

Le melon redoute les attaques de plusieurs sortes d'insectes. En outre des vers blancs et des courtilières, la grise, que nous avons déjà signalée, est d'autant plus redoutable qu'il n'existe aucun moyen de la combattre. Les pucerons sont beaucoup moins dangereux, car on peut toujours en arrêter les ravages.

Une maladie qui sévit parfois dans les melonnières est le *chancre*, qui s'attaque aux ramifications. Pour en arrêter les effets on détache les parties atteintes à l'aide d'un instrument tranchant. La *jaunisse*, qui se manifeste par la teinte jaunâtre que prennent les feuilles et les tiges, a pour cause une faiblesse générale de la plante.

CHAPITRE III

TOMATE, AUBERGINE, PIMENT

Tomate.

La tomate étant originaire de l'Amérique méridionale, il est nécessaire, pour qu'elle produise abondamment, de lui fournir une grande quantité de chaleur. Dans les provinces du sud de la France on la cultive constamment en pleine terre; mais sous le climat de Paris on élève toujours les plants sur couche tiède.

Culture. — Le plus habituellement les semis de tomates ont lieu vers la fin du mois de mars; le repiquage se fait lui-même sur couche trois ou quatre semaines après le semis; un mois après on procède à la mise en place, pratiquée en éloignant les plants de 50 à 60 centimètres. Lorsque ceux-ci ont atteint une certaine hauteur, il est bon de leur donner un tuteur ou même de les fixer sur un treillage; ce procédé a l'avantage d'éviter aux fruits un contact direct avec le sol, ce qui pourrait en amener la pourriture. Il est encore préférable de faire cette culture près d'un mur qui abritera et réfléchira la chaleur solaire. Afin d'exposer complètement les fruits au soleil, on effeuillera lorsqu'ils seront parvenus à la moitié de leur grosseur. On devra, d'autre part, arroser fréquemment et abondamment.

Pour régulariser la production, on a l'habitude de tailler les branches. La tige principale est coupée au-dessus de la quatrième ramification. A chacun de ces rameaux secondaires on laisse fournir quatre bouquets de fleurs. On peut tailler différemment; tout système qui répond au but qu'on se propose doit être naturellement considéré comme bon. Les tomates qu'on a semées à la fin de mars pourront produire pendant le mois d'août; mais en pratiquant la culture forcée on obtiendra des fruits beaucoup plus tôt.

Pour cela on peut commencer à semer en septembre, quoique dans la plupart des cas on ne le fasse guère qu'en janvier. Le repiquage et la plantation se font eux-mêmes sur une couche abritée par un réchaud, et toujours sous châssis. On ne conserve aux plants forcés que deux ramifications, qui sont fixées à un fil de fer maintenu par de petits piquets. Lorsque la quantité de fleurs émises est suffisante, on coupe les tiges pour en arrêter la croissance. En semant au commencement de janvier, on peut récolter en mai. Lorsqu'on sème en septembre la récolte se trouve hâtée de plusieurs mois.

Variétés. — Les meilleures variétés de tomate sont :
La tomate *rouge grosse*, assez productive, qui se cultive surtout dans le Midi, car elle est un peu tardive ;

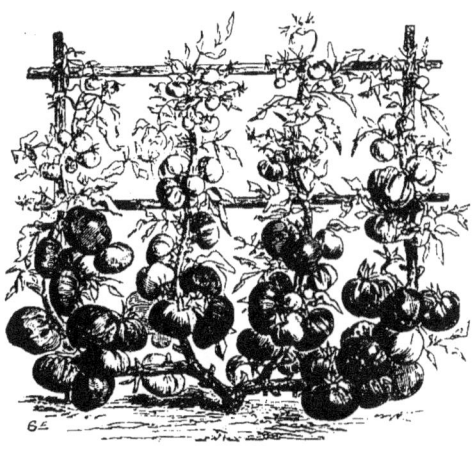

Tomate rouge naine hâtive.

La tomate *rouge grosse hâtive*, très cultivée dans le centre et le nord de la France ;

La tomate *rouge naine hâtive*, bonne variété de petite taille, très convenable à la culture sous châssis ;

La tomate *rouge grosse lisse*, remarquable par son volume ; cette dernière ne présente pas de côtes.

Les graines de tomate doivent être prises dans des fruits complètement mûrs qu'on écrase pour les en retirer. On les lave ensuite soigneusement, puis on les laisse sécher.

La tomate, comme la pomme de terre, est attaquée par le *peronospora infestans*, que l'on combat au moyen de la bouillie bordelaise.

Aubergine.

Culture. — Sous notre climat, l'aubergine se sème presque toujours sur couche. On sème généralement au commencement de mars; trois ou quatre semaines après, les plants sont bons à être repiqués; on les place dans des pots remplis de terreau qu'on enfonce ensuite dans la couche. La mise en place a lieu en pleine terre; on arrache les jeunes pieds en motte pour les planter en rayons éloignés de 45 à 50 centimètres, autant que possible dans une planche bien exposée.

Pendant la croissance on arrosera fréquemment et l'on aura soin de ne laisser croître aucune mauvaise herbe. On peut commencer la récolte aux premiers jours du mois de septembre.

Variétés. — Nous citerons parmi les meilleures variétés d'aubergine :

L'aubergine *violette longue*, qu'on consomme lorsqu'elle n'a pas encore terminé sa croissance; on la cultive surtout dans le midi de la France;

L'aubergine *violette longue hâtive*, convenant parfaitement au climat de Paris, et qu'on considère comme une sous-variété de la précédente;

Aubergine violette longue.

L'aubergine *violette ronde*, assez tardive et répandue surtout dans nos provinces du Sud; ses fruits, très gros, ont la forme d'une boule;

L'aubergine *violette naine très hâtive*, de petite taille, mais relativement très productive;

L'aubergine *très hâtive de Barbentane*, variété nouvelle, longue, de couleur violette, très précoce.

On doit choisir pour les semis futurs les graines des plus beaux fruits. Comme celles de la tomate, on les lave, puis on les laisse sécher.

Piment.

La culture du piment étant en tous points identique à celle de l'aubergine, nous nous bornerons à indiquer les meilleures variétés de ce fruit.

Ce sont :

Le piment *rouge long*, le piment *jaune long*, le piment *du Chili*, le piment *cerise*, le piment *tomate*, le piment *monstrueux*, le piment *doux* ou *gros piment carré*.

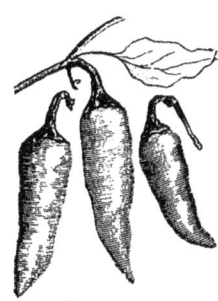

Piment jaune long.

La saveur âcre et brûlante du piment ne le fait rechercher que d'un nombre restreint d'amateurs ; c'est pourquoi sa culture est peu répandue. Cependant certaines variétés, parmi les plus grosses, ne possèdent pas le goût piquant caractéristique du piment en général ; aussi les emploie-t-on souvent comme les aubergines.

CHAPITRE IV

HARICOTS, POIS, FÈVES, LENTILLES

Haricots.

Le haricot est l'une des plantes les plus importantes au point de vue de l'alimentation. Ce sont les graines qu'on utilise dans les variétés à écosser ou à parchemin. Dans les variétés mange-tout, le fruit entier sert à la consommation.

Culture. — Lorsqu'on cultive le haricot en pleine terre il faut, autant que possible, lui réserver un sol substantiel et léger,

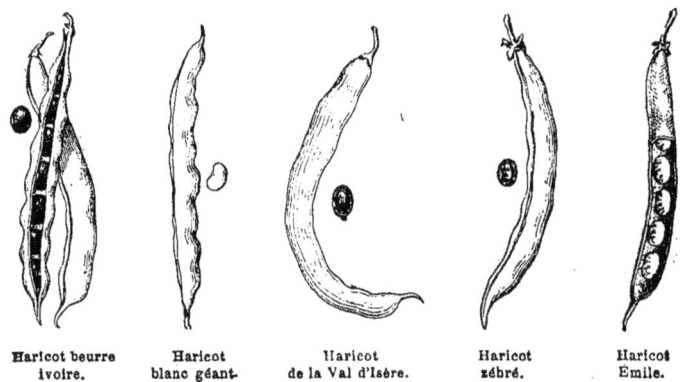

Haricot beurre ivoire. — Haricot blanc géant. — Haricot de la Val d'Isère. — Haricot zébré. — Haricot Émile.

modérément humide, situé à bonne exposition. On le sème lorsque les gelées ne sont plus à redouter, généralement en mai pour le climat de Paris. Le semis est souvent pratiqué en rayons éloignés de 40 à 45 centimètres et profonds de 5 centimètres. On fait des trous espacés de 15 à 20 centimètres sur une même ligne;

On met un haricot dans chacun, puis on referme les sillons et l'on donne au besoin un léger bassinage. Si l'on sème en touffes, on place quatre ou cinq graines par trou. Lorsque les plants ont poussé quelques feuilles, on pratique un binage; plus tard on sarcle et on arrose. Certains horticulteurs buttent les jeunes plants : cette opération paraît être d'un heureux effet sur la végétation.

On fait d'ordinaire plusieurs semis pendant une année, ce qui permet de récolter jusqu'en octobre. Lorsqu'on cultive des haricots mange-tout, le développement de ceux-ci réclamant un temps plus court, on peut les semer plus tard que les autres. Les haricots dits à rames, au contraire, doivent être semés au commencement de la saison.

Quand les tiges des haricots à rames ont atteint une hauteur de 30 à 35 centimètres, il est nécessaire de les ramer, c'est-à-dire de leur fournir des tuteurs ou rames afin de les soutenir dans leur croissance. Ces tuteurs peuvent être des baguettes ou même de simples roseaux. Les haricots nains ont sur les haricots à rames l'avantage de se soutenir d'eux-mêmes pendant toute la durée de leur développement. Lorsqu'on juge que les gousses des haricots mange-tout ont atteint une grosseur suffisante, il faut les cueillir aussitôt, car si l'on attendait qu'elles aient acquis un plus grand développement, elles seraient moins tendres et les fils de leurs cosses nuiraient à leur qualité. Les graines des haricots qu'on veut manger à l'état frais sont cueillies un peu avant l'entière maturité. Dans ce cas, on peut récolter tous les deux ou trois jours. Comme le haricot est très sensible à la gelée, les semis tardifs doivent être abrités du froid.

Quoiqu'on puisse manger constamment le haricot sec, on a cependant jugé utile de forcer ce légume. Les semis sont alors effectués vers la mi-janvier, sur couche chaude. On les abrite par des châssis qui, pendant le développement, sont soulevés toutes les fois qu'on le peut; on a soin d'enlever aux plants les feuilles qui seraient en mauvais état. On n'emploie, bien entendu, pour la culture forcée, que les variétés naines, les autres ne pouvant restreindre leur développement de manière à n'occuper que la place réservée sous un châssis. On préfère ordinairement le haricot *nain de Hollande;* sous un même coffre on trace quatre rayons éloignés de 15 centimètres. Pendant la croissance, on arrose de temps en temps; la nuit on dépose des paillassons sur les panneaux. Dans le courant d'avril, **on peut avoir des haricots frais à cueillir.** Si l'on a pratiqué plusieurs semis successifs on en récoltera jusqu'à ce que les produits de la culture naturelle viennent remplacer ceux de la culture forcée.

Variétés. — Nous grouperons les variétés de haricots en haricots à rames et en haricots nains. Dans ces deux catégories nous parlerons successivement des haricots à écosser et des haricots sans parchemin.

Les meilleures variétés de haricots ramants à écosser sont :

HARICOT FLAGEOLET BLANC

Le haricot *de Soissons,* qui se mange surtout à l'état sec; il est très répandu aux environs de Paris;

Le haricot *de Liancourt,* rustique et productif; c'est une variété fort appréciée;

Le haricot *riz,* dont le grain, très petit, est de bonne qualité ;

Le haricot *sabre à rames,* un peu tardif, mais en revanche très productif; sa tige peut atteindre 3 mètres de hauteur, sa cosse très grande renferme un grain blanc de première qualité.

Les races les plus recommandables de haricots ramants sans parchemin sont :

Le haricot *prédome*, l'un de nos meilleurs haricots, tant à l'état vert qu'à maturité complète;

Le haricot *princesse*, rustique, assez hâtif et relativement productif;

Le haricot *intestin*, race productive assez estimée;

Le haricot *d'Alger* ou haricot *beurre*, à grain noir, très productif et fort apprécié comme mange-tout;

Le haricot *beurre ivoire*, surtout cultivé comme mange-tout, mais dont les grains sont néanmoins très bons;

Le haricot *blanc géant*, vigoureux et productif; sa graine est blanche, tandis que sa cosse est verte;

Le haricot *de la Val d'Isère*, tardif mais productif, à grain noir;

Le haricot *zébré*, généralement assez estimé.

Parmi les haricots nains à écosser, nous citerons :

Le haricot nain *hâtif de Hollande*, qu'on cultive habituellement sur couche;

Le haricot *flageolet blanc*, l'une des plus estimées de nos variétés naines;

Le haricot *flageolet très hâtif d'Étampes*, race précoce de qualité égale à la précédente, sur laquelle elle a l'avantage de la précocité;

Le haricot *flageolet à feuille gaufrée*, qu'on cultive surtout sous châssis;

Le haricot *noir de Belgique*, hâtif, qu'on soumet à la culture forcée pour le manger vert;

Le haricot *de Bagnolet*, qu'on mange aussi lorsqu'il est vert;

Le haricot *Saint-Esprit* ou *à la religieuse;* le grain présente une tache dont la forme peut à la rigueur rappeler celle d'un oiseau; généralement on veut y voir une colombe.

Nous mentionnerons parmi les haricots nains sans parchemin :

Le haricot *jaune du Canada*, l'un des plus recommandables;

Le haricot *jaune de la Chine*, aujourd'hui très répandu en France;

Le haricot *d'Alger nain noir*, précoce et productif;
Le haricot *Émile*, très hâtif et très délicat comme mange-tout; il convient bien à la culture forcée.

Pois.

Culture. — La culture du pois est l'une des plus simples. Elle doit être faite, pour bien réussir, dans un sol meuble abondam-

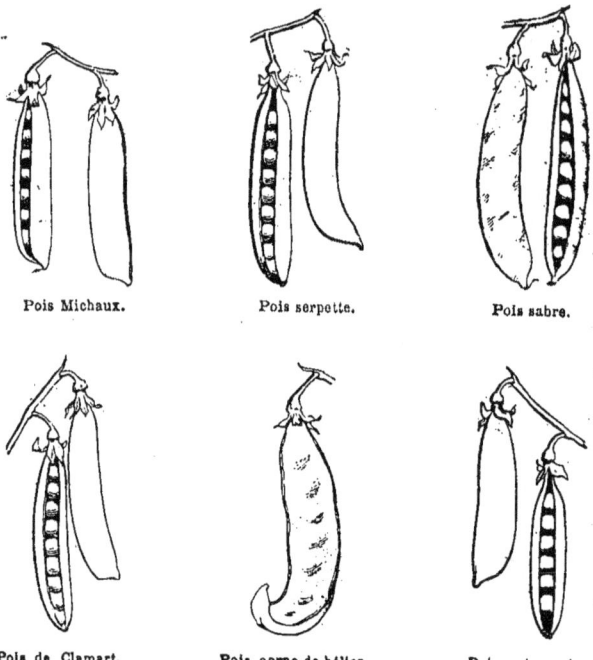

Pois Michaux. Pois serpette. Pois sabre.

Pois de Clamart. Pois corne-de-bélier. Pois nain vert.

ment fumé. On peut cependant cultiver le pois avec succès dans presque tous les terrains.

Les semis de pois se font en rayons, à des époques qui varient avec les climats, à partir de fin novembre dans le Midi, à partir de février dans le Nord ; on les continue pendant tout le printemps. On sème souvent en touffes en espaçant plus ou moins les lignes suivant la taille des races qu'on cultive.

Lorsque les grandes variétés ont atteint 30 ou 40 centimètres, il est nécessaire, comme pour les haricots, de les soutenir par des rames qu'on incline toujours légèrement vers le milieu de la planche ; on peut encore trancher l'extrémité des tiges au-dessus de la troisième et de la quatrième fleur. Par ce moyen, on hâte la production et l'on peut se dispenser de mettre des rames.

Lorsque les gousses semblent bonnes à être cueillies, il faut en couper le pédoncule au moyen de l'ongle ; si on les tirait, on pourrait blesser les pieds.

Comme le haricot, le pois a été soumis à la culture forcée pour laquelle on emploie de préférence le pois nain très hâtif à châssis. Dans ce cas, il n'est pas indispensable de se servir de couches. On peut fort bien semer dans une planche abritée et bien exposée, en préservant les plants par des châssis. On pratique alors le semis en novembre. A l'époque des gelées, il suffit d'entourer les coffres d'un accot. Lorsqu'on emploie d'autres variétés que le pois nain très hâtif à châssis, il est nécessaire de coucher les tiges sur le sol lorsqu'elles ont atteint une vingtaine de centimètres de hauteur, afin qu'elles puissent sans entrave continuer leur développement.

Les semis de novembre produisent en avril.

Variétés. — Nous classerons les pois comme les haricots, en pois à rames et pois nains. Chacun de ces groupes compte lui-même des variétés à écosser et des variétés sans parchemin.

Parmi les pois à rames à écosser, nous citerons :

Le pois *prince Albert*, hâtif et très renommé ; on l'emploie parfois pour la culture forcée ;

Le pois *Michaux de Hollande*, qui atteint généralement 1 mètre de hauteur, rustique et productif ;

Le pois *Michaux ordinaire*, qu'on appelle aussi pois *de Sainte-Catherine* ; on le sème surtout en novembre ; il est rustique et assez productif :

Le pois *William* à grains ronds, dont les cosses sont légèrement recourbées ; il est précoce, productif ;

Le pois *serpette* ou pois *d'Auvergne;* ses gousses sont recourbées ; c'est un légume très apprécié et qui réclame peu de soins ;

Le pois *sabre*, moins cultivé que la plupart des précédents, mais qui néanmoins est une bonne variété ;

Le pois *de Clamart*, tardif, mais cependant très estimé ;

Le pois *de Knight*, à grain ridé, qu'on cultive surtout pour la fin de l'été.

Les meilleures races de pois à rames sans parchemin sont :

Le pois *corne-de-bélier;* il est rustique et productif ;

Le pois *beurre*, qui est moins répandu que le précédent.

Les variétés les plus recommandables de pois nains à écosser sont :

Le pois *nain très hâtif à châssis*, remarquable par sa précocité et sa petite taille ;

Le pois nain *de Hollande* ou pois nain *ordinaire*, l'une des meilleures variétés naines ;

Le pois *très nain de Bretagne,* répandu surtout en Angleterre ;
Le pois *nain vert gros;* ses grains ronds sont assez développés ;
Le pois *merveille d'Amérique,* à grains ridés, dont la culture a fait de notables progrès dans ces derniers temps.

Parmi les pois nains sans parchemin, nous mentionnerons le pois *très nain hâtif à châssis,* qui s'accommode très bien de la culture forcée. On l'emploie aussi fréquemment dans les premiers semis de pleine terre.

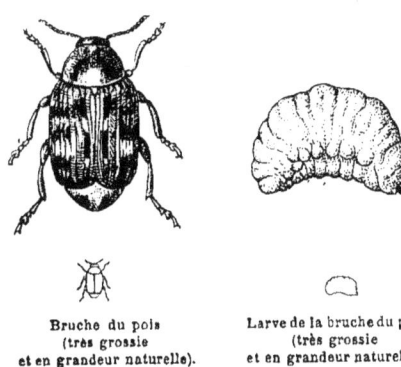

Bruche du pois
(très grossie
et en grandeur naturelle).

Larve de la bruche du pois
(très grossie
et en grandeur naturelle).

Les pois ont à craindre les dégâts produits par un insecte connu sous le nom de *bruche du pois.* Sa larve s'introduit dans les gousses au moment de la formation des graines. Pour distinguer, après la récolte, les grains où cet insecte s'est enfermé, il suffit de les mettre tous dans l'eau : ceux qui sont attaqués restent à la surface. Les pois sont aussi sujets à deux maladies produites par des champignons parasites : le blanc et la rouille.

Fèves.

Culture. — Quoique les fèves soient beaucoup moins importantes au point de vue alimentaire que les haricots et les pois, elles sont néanmoins très cultivées. On les reproduit de semis qu'on fait en place au commencement de mars, de préférence dans un terrain abondamment fumé, en rayons espacés de 35 à 40 centimètres. Quand les plants ont atteint une quinzaine de centimètres, on pratique un léger binage ; à l'époque de la floraison, on coupe l'extrémité de la tige, dans le but de faire développer plus rapidement les fruits. Les binages se répéteront de temps en temps ; les arrosages ne sont même pas nécessaires dans la plupart des cas.

Lorsqu'on cultive sous châssis, on sème à partir du mois de janvier ; puis, au bout d'un mois, on repique en place, en pleine terre, sur une planche bien exposée. On peut encore cultiver les fèves en hiver en semant à la fin de l'automne et en protégeant les pieds à l'aide de châssis ou de paillassons supportés par des baguettes, mais cette manière de faire n'est guère usitée que dans le Midi, où les hivers ne sont pas très rigoureux.

Fève Julienne.

Variétés. — Les variétés de fèves les plus cultivées sont :

La fève *de marais*, très répandue aux environs de Paris ;

La fève *de Windsor*, plus tardive que la précédente, mais plus productive ;

La fève *de Séville*, hâtive, dont les cosses sont en général plus longues que dans les autres variétés ;

La fève d'*Aguadulce*, variété hâtive dont la cosse peut atteindre jusqu'à 35 centimètres de longueur ;

La fève *Julienne*, précoce et assez estimée, malgré la petitesse de ses graines ;

La fève *naine hâtive à châssis*, qui, en raison de sa petite taille, convient bien à la culture forcée ; cultivée en pleine terre, elle donne aussi de fort beaux produits ;

La fève *naine verte de Beck*, encore moins élevée que la précédente, mais tout aussi précoce.

Les fèves subissent les atteintes de la bruche que nous avons signalée précédemment, et parfois aussi d'un puceron qui vit sur l'extrémité des tiges. Le pincement qu'on pratique surtout pour faire grossir les fruits a aussi l'avantage d'arrêter les ravages de ce puceron.

Lentilles.

Comme les fèves, les lentilles se sèment généralement en place et en rayons dans les premiers jours de mars. Les soins de culture sont absolument nuls jusqu'à la récolte, qui se fait un peu avant l'entière maturité, au mois d'août le plus communément.

Lentille.

Les principales variétés de lentilles sont :

La *grosse lentille blonde*, la *lentille verte du Puy* et le *lentillon*.

La gousse de la lentille est petite et ne contient pas plus de deux ou trois grains ronds, aplatis, en forme de disque.

APPENDICE

I. — FRAISIER

Quoique la fraise ne soit pas ordinairement considérée comme un légume, il est d'usage de placer le fraisier à côté des plantes potagères.

Culture.

Le fraisier peut être cultivé avec succès dans tous les sols, pourvu qu'on lui fournisse la quantité d'humidité nécessaire à sa croissance. On aura donc avantage à le placer dans un terrain naturellement frais, si l'on veut éviter d'arroser aussi fréquemment.

La culture du fraisier diffère suivant qu'elle se rapporte à des variétés dites des quatre-saisons ou à des variétés à gros fruits. Les fraisiers des quatre-saisons se multiplient plutôt par semis que par les *filets*, *coulants* ou *stolons* qu'ils émettent naturellement. Les semis se font dans les premiers jours de mai, à la volée, dans un terrain préparé par un labour; la graine est ensuite recouverte de 5 à 6 millimètres de terreau. Après le semis, on arrose légèrement à la pomme. Ces arrosages seront répétés une ou deux fois par jour et cela surtout pendant la période de germination.

Un mois ou un mois et demi après le semis, les plants sont généralement assez développés pour subir l'opération du repiquage. On repique en plaçant deux pieds dans le même trou et en éloignant de 12 centimètres environ dans l'un et l'autre sens. La mise à demeure a lieu presque toujours en fin septembre, en

Fraise belle de Meaux.
Fraise docteur Morère.
Fraise Jucunda.
Fraise docteur Nicaise.
Fraise Victoria.
Fraise Marguerite Lebreton.

FRAISES.

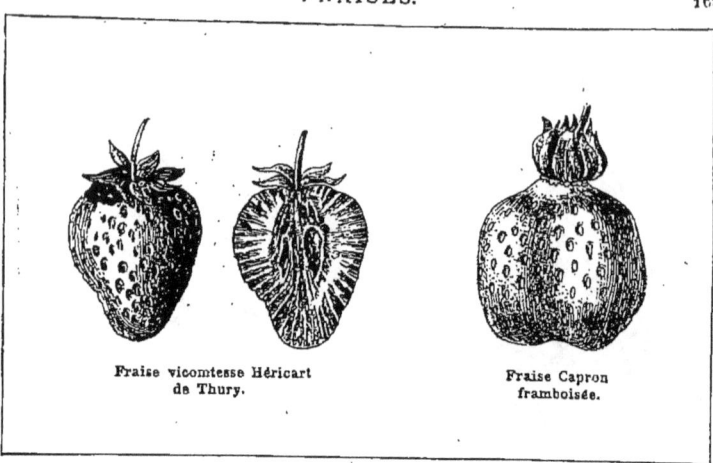

Fraise vicomtesse Héricart de Thury.

Fraise Capron framboisée.

lignes espacées de 30 centimètres dans les deux sens. Dès l'année suivante on pourra commencer à cueillir des fruits.

Tous les ans, au printemps, on donnera aux fraisiers un binage au cours duquel on aura soin d'arracher les mauvaises herbes. Le sol sera couvert d'un paillis de fumier presque complètement consommé, précaution qui a pour but d'entretenir d'abord un degré d'humidité constant, et d'éviter ensuite que les fruits ne touchent directement le sol. Comme on n'utilise pas les coulants, il faut avoir soin de les supprimer au fur et à mesure de leur production.

Tous les trois ou quatre ans on renouvelle les plantations de fraisiers.

Lorsqu'on cultive les variétés de fraisiers à gros fruits, on n'utilise plus la graine pour la propagation de l'espèce, il est préférable alors d'employer les coulants, qui reproduisent plus fidèlement les caractères distinctifs des variétés. C'est en quelque sorte un marcottage qui se fait spontanément. On tâche d'obtenir dans les premiers jours d'août des filets suffisamment enracinés qu'on repique en pépinière comme nous l'avons indiqué plus haut. La mise à demeure est effectuée vers la fin du mois de septembre; on arrache en motte les jeunes pieds et on les transplante à des distances qui varient suivant le développement qu'ils peuvent atteindre. Dans le cours de l'année suivante, on pourra faire une première cueillette. Les soins à donner pendant la végétation sont absolument les mêmes que ceux que réclament les fraisiers des quatre-saisons.

Les fraisiers sont fréquemment soumis à la culture forcée, et dans ce cas les fraisiers des quatre-saisons, comme les fraisiers à gros fruits, sont propagés par leurs filets. En juillet les plants provenant de coulants sont mis à demeure de la façon que nous avons indiquée précédemment, en plaçant deux sujets dans un même trou. Jusqu'à la fin de l'année on arrose et on bine fréquemment. Quand les gelées viennent à se faire sentir, on place les châssis au-dessus des plants; en fin janvier, on entoure le tout de réchauds formés de fumier de cheval non consommé. Lorsque la température de ceux-ci commence à s'abaisser, on en remplace une partie par du fumier neuf. Pendant la nuit les châssis sont abrités par des paillassons. On a soin dans la journée de donner de l'air aussi souvent que possible. En procédant ainsi on peut commencer à récolter dans le courant d'avril.

Variétés.

Parmi les fraises des quatre-saisons, nous citerons :

La fraise *Janus améliorée*, de forme conique et d'un rouge très foncé;

La fraise *de Gaillon*, variété qui présente la particularité de ne pas émettre de coulants;

La fraise *belle de Meaux*, l'une des plus renommées; elle est légèrement aplatie sur l'extrémité et de couleur rouge vif.

Nous mentionnerons parmi les grosses variétés :

La fraise *ananas*, de couleur jaunâtre, et d'une saveur délicate;

La fraise *docteur Morère*, très volumineuse, parfumée et dont le goût est des plus agréables;

La fraise *docteur Hogg*, variété vigoureuse fort recherchée;

La fraise *docteur Nicaise*, d'une vigueur modérée, volumineuse et de première qualité;

La fraise *Jucunda*, race rustique, productive et vigoureuse;

La fraise *May queen*, précoce, mais relativement peu développée ;

La fraise *Victoria*, arrondie, d'un bel aspect et d'une saveur relevée ;

La fraise *Marguerite Lebreton*, hâtive, productive, convenant parfaitement à la culture sous châssis ;

La fraise *vicomtesse Héricart de Thury*, très cultivée sous châssis comme à l'air libre ;

La fraise *Wonderful*, variété productive et d'excellente qualité ;

Ajoutons la fraise *capron framboisée*, très recherchée pour son agréable parfum.

Les fraisiers sont parfois attaqués par les vers blancs du hanneton et par les pucerons.

II. — CHAMPIGNON

Le seul champignon dont la culture soit aujourd'hui couramment pratiquée est le champignon de couche ou agaric champêtre ; c'est aussi l'un de ceux qui se vendent le plus communément sur les marchés de Paris.

La partie comestible est formée par le pied et le chapeau qui ne constituent pas, comme on le croit couramment, le champignon tout entier, mais seulement les organes de reproduction. A la face inférieure du chapeau sont, en effet, des lames ou feuillets qui portent les spores Ces spores peuvent être assimilées à la graine, car ce sont elles qui jouent le

Champignons de couche.

principal rôle dans la propagation de la plante, et l'on sait, par les travaux récents de M. Costantin, que ces spores reproduisent comme les graines les plantes avec leurs caractères propres, de sorte que, par sélection, on peut arriver à obtenir des variétés améliorées.

Les organes de reproduction sont, comme on le voit, les plus apparents; quant aux organes de végétation, ils sont essentiellement constitués par des sortes de filets blanchâtres qui s'enchevêtrent les uns dans les autres et forment ce qu'on appelle communément *le blanc de champignon*, blanc produit par le développement d'une spore. Ce blanc présente une particularité remarquable, c'est que, placé dans un lieu sec où il ne peut normalement se développer, il conserve néanmoins pendant plusieurs années ses propriétés végétatives et peut continuer sa croissance à la première occasion, lorsqu'on lui fournit l'humidité nécessaire. On conserve ordinairement le blanc de champignon dans le milieu où il s'est formé ou plutôt dans lequel on a favorisé sa formation, c'est-à-dire dans le fumier de cheval. A cet état on le trouve dans le commerce; aussi est-il facile à chacun de se le procurer.

Blanc de champignon.

Le champignon se développe naturellement dans les lieux humides, tels que les prairies et les champs. On le trouve encore sur les couches formées de fumier de cheval, où il croît parfois spontanément. Sa culture se fait surtout dans les lieux de température constante, privés de lumière, tels que caves, celliers, carrières abandonnées, etc.

Le champignon se cultive sur couche formée de fumier de cheval. On emploie autant que possible à cette fin du fumier provenant des écuries de chevaux de travail dont la litière n'est pas souvent renouvelée. Dans ces conditions le fumier obtenu est bien imbibé d'urine et contient plus de principes fertilisants.

Avant de l'employer au montage des couches, le fumier est entassé en quantité suffisante, 1 mètre cube au moins, de façon à ce qu'il commence sa décomposition. Un mois après cette opération, on construit avec le fumier une *planchée*, couche d'environ 65 centimètres de hauteur et dont la longueur et la largeur varient avec la quantité de fumier employée. On aura soin de retirer la paille trop longue en secouant à la fourche, puis après la formation de chaque lit on tassera et on arrosera. Huit ou dix jours plus tard la planchée sera reconstruite; on aura soin de mettre à la surface le fumier qui était au milieu, et comme précédemment on tassera et on arrosera. On laissera fermenter pendant une semaine, puis on démolira et on reconstruira de la même manière.

Après cinq ou six jours le fumier sera propre à être utilisé pour la formation des meules.

On donne aux meules une largeur de 60 centimètres à la base et une même hauteur de 60 centimètres. Les meu-

Champignons sur meule.

les sont dressées en dos d'âne, de façon que la largeur à la partie supérieure ne soit plus que de 10 centimètres seulement. On fait en sorte qu'il n'entre pas dans leur composition de brins de paille trop longs; le fumier dont elles sont formées doit être bien tassé. La fermentation se continue ainsi dans les meules; lorsque la température est descendue à 25 degrés environ, on peut procéder au *lardage*.

Le lardage consiste à introduire dans les meules des fragments de blanc qu'on éloigne d'à peu près 20 centimètres et qu'on place à 10 centimètres de profondeur. Huit ou dix jours après le lardage, de petits filaments blanchâtres paraissent à la surface des meules, on en conclut que le blanc a pris. Si, au contraire, le blanc ne s'était pas développé, il faudrait recommencer à larder comme nous l'avons indiqué.

Après la reprise du blanc on pratique le *goptage*, qui a pour but de recouvrir les meules d'une couche de 1 centimètre environ de terre légère tamisée, renfermant un peu de salpêtre. Un mois après le goptage les filaments se sont répandus dans toutes les parties des meules; on pratique de temps en temps de légers arrosages à la pomme pour éviter que les meules ne se dessèchent entièrement.

On cueillera au fur et à mesure du développement; les cavités laissées vides par la prise des champignons seront remplies avec la terre qui aura servi à gopter.

Lorsqu'on cultive les champignons à l'air libre, il est indispensable, après le lardage, de recouvrir chaque meule d'une *chemise* formée de litière longue. Cette chemise protégera les champignons contre la pluie et le vent.

Il y a, outre l'agaric champêtre, un grand nombre de champignons comestibles qui croissent spontanément dans les bois et les prairies; mais souvent il est fort difficile de distinguer les espèces vénéneuses des espèces alimentaires, et nombre d'empoisonnements ont été causés par des champignons qu'on avait crus inoffensifs. On donne différents moyens pour reconnaître les espèces; mais ces moyens ne sont malheureusement pas infaillibles.

INDEX ALPHABÉTIQUE

A

Accot. 27.
Adventives (Racines). 140.
Agaric champêtre. 171.
Ail. 80.
Allées (Tracé des). 11.
Altise. 58, 63, 95, 102.
Amender. 10.
Août (Travaux d'). 38.
Appendice. 167.
Araignée rouge. 68.
Arroche. 113.
Arrosage. 25.
Arrosage en plein. 26.
Arrosoir. 16.
Artichaut. 107.
Asperge. 83.
Assolement. 28.
Aubergine. 153.
Avril (Travaux d'). 36.

B

Barbe-de-capucin. 123.
Basilic. 137.
Bassinage. 26.
Bêche. 16.
Betterave. 65.
Binage. 24.
Binette. 16.
Blanc de champignon. 172.
Blanc (Maladie du). 98, 119, 161.
Bouillie bordelaise. 48.
Boursette. 129.
Brise-vent. 9.
Brouette à civière. 18.
Brouette à coffre. 18.
Bruche du pois. 164, 165.
Bulbilles. 51.
Buttage. 42.
Buttoir. 43.

C

Caïeux. 80.
Calendrier de culture potagère. 34.
Cardon. 103.
Carotte. 66.
Céleri. 126.
Céleri-rave. 69.
Cerfeuil. 135.
Cerfeuil bulbeux. 70.
Cerfeuil tubéreux. 70.
Champignon de couche. 171.
Châssis. 18.
Chicorée à café. 124.
Chicorée à couper. 125.
Chicorée endive. 120.
Chicorée sauvage. 123.
Chou à jets. 95.
Chou brocoli. 98.
Chou cultivé. 90.
Chou de Bruxelles. 95.

INDEX ALPHABÉTIQUE.

Chou-fleur. 96.
Choux. 90.
Choux-navets et rutabagas. 59.
Choux-raves. 60.
Ciboule. 82.
Ciboulette. 82.
Citrouille. 142.
Civette. 82.
Cloche à facettes. 20.
Cloche maraîchère, 20.
Clôtures. 8.
Coffre. 20.
Colimaçon. 119.
Colombine. 12, 13.
Concombres. 144.
Cordeau. 18.
Cornichon. 145, 146.
Côtières. 11.
Couches chaudes. 26.
Couches en plancher. 26.
Couches en tranchées 27.
Couches (Montage des). 26.
Couches sourdes. 27.
Couches tièdes. 26.
Coulants. 167.
Coup de feu. 27.
Courge musquée. 142.
Courges. 139.
Courtilière. 47, 88, 104, 110, 152.
Crambé. 100.
Cran de Bretagne. 64.
Cranson rustique. 64.
Crémaillère. 20.
Cressonnière. 132.
Cressons. 131.
Criocère à douze points. 88, 89.
Criocère de l'asperge. 88, 89.
Crosne. 52.

D

Décembre (Travaux de). 40.
Défoncement. 10.

Déplantoir. 18.
Doucette. 129.

E

Eaux d'arrosage. 25.
Échalote. 81.
Éclaircir. 23.
Engrais. 12.
Engrais chimiques. 14.
Engrais flamand. 13.
Épinard. 111.
Estragon. 138.
Établissement d'un potager. 7.
Exposition. 8.

F

Faculté germinative. 31.
Fenouil de Florence. 105.
Fèves. 164.
Février (Travaux de). 35.
Filets. 167.
Fonte. 112.
Forte (Terre). 9.
Fourche à dents plates. 18.
Fourche ordinaire. 18.
Fraisier. 167.
Fumier. 12.
Fumier recuit. 26.

G

Gadoue. 12.
Germinative (Faculté). 31.
Goptage. 173.
Graines. 31.
Griffe d'asperge. 83.
Grise. 146, 152.
Guano. 12, 13.

INDEX ALPHABÉTIQUE.

H

Haricots. 157.
Hernie du chou. 95.
Houe. 16.

I

Igname de Chine. 50
Instruments de jardinage. 16.

J

Janvier (Travaux de). 34.
Jauge (Mettre en). 67.
Jaunisse. 112, 152.
Juillet (Travaux de). 38.
Juin (Travaux de). 37.

L

Labour. 10, 21.
Laitues. 115.
Laitues à couper. 119.
Lardage. 173.
Légère (Terre). 9.
Légumes fruits. 139.
Légumes herbacés. 83.
Légumes racines. 41.
Lentilles. 166.
Limaces. 119.

M

Mâche. 129.
Mai (Travaux de). 37.
Mars (Travaux de). 35.
Melon. 147.
Meuble (Sol). 9.
Meule à champignons. 173.

Meunier. 119.
Moutarde. 136.
Mulot. 110.

N

Nature du sol. 9.
Navets. 56.
Noctuelle des moissons. 95, 112, 125.
Noctuelle du chou. 95.
Novembre (Travaux de). 39.

O

Octobre (Travaux d'). 39.
Œilletonnage. 108.
Œilletons. 107.
Ognon. 75.
Oseille. 113.
Oxalis. 54.

P

Paillassons. 20.
Paillis. 13.
Panais. 68.
Panneaux (Châssis). 20.
Patate. 49.
Pelles. 18.
Perce-pierre. 136.
Peronospora infestans. 47, 154.
Persil. 134.
Persil à grosse racine. 71.
Petit ver blanc. 78.
Piéride du chou. 95.
Piment. 156.
Pioche. 16.
Pissenlit. 128.
Planchée. 172.
Plantoir. 18.
Plates-bandes. 11.
Plomber. 23.

LE POTAGER. 12

Poireau. 78.
Poirée. 102.
Pois. 161.
Pomme de terre. 41.
Porte-graines. 31.
Potiron. 142.
Poudrette. 13.
Poulinée. 12, 13.
Pourpier. 130.
Pourriture. 78, 81, 112.
Pucerons. 110, 119, 165, 171.

R

Radis. 61.
Raifort. 64.
Raiponce. 73.
Râteau. 18.
Ratissoire à pousser. 18.
Ratissoire à tirer. 18.
Raves et navets. 56.
Réchaud. 27.
Repiquage. 23.
Rhubarbe. 104.
Romaine. 115.
Rouille. 89, 164.
Rutabagas. 59.

S

Saisons. 28.
Salsifis. 72.
Sarclage. 24.
Scarole. 120.
Scolyme. 74.
Scorsonère. 73.
Sélection. 31.
Semis. 22.
Semis à la volée 22.

Semis en poquets. 23.
Semis en rayons. 23.
Septembre (Travaux de). 39.
Serfouette. 16.
Sol meuble. 9.
Spores. 171.
Stachys affinis. 52.
Stolons. 167.
Stratifier. 70.

T

Teigne des ails. 80.
Terreau. 13.
Terre forte. 9.
Terre légère. 9.
Tétragone. 112.
Thermosiphon. 21.
Thym. 138.
Tomate. 153.
Topinambour. 53.
Travaux courants. 21.
Travaux préparatoires. 10.
Turion. 83.

V

Varech. 12.
Ver blanc. 47, 53, 88, 104, 110, 152, 171.
Ver blanc (Petit). 78.
Ver gris. 112, 125.
Verrine. 20.

W

Witloof. 124.

TABLE DES MATIÈRES

Pages.
Préface 5

PREMIÈRE PARTIE. — CULTURE POTAGÈRE.

Chapitre premier.

Pages.
Établissement d'un potager . 7
  Exposition 8
  Clôtures 8
  Nature du sol. 9
  Travaux préparatoires. . . . 10

Chapitre II.

Les engrais 12
  Fumier 12
  Paillis. 13
  Terreau. 13
  Engrais chimiques 14

Chapitre III.

Instruments de jardinage . . 16

Chapitre IV.

Travaux courants 21
  Labour. 21
  Semis 22
  Repiquage 23
  Sarclage 24
  Binage. 24

  Arrosage. 25
  Montage des couches 26

Chapitre V

Les assolements. 28

Chapitre VI.

Les graines 31

Chapitre VII.

Calendrier de culture potagère. 34
  Janvier 34
  Février. 35
  Mars. 35
  Avril. 36
  Mai 37
  Juin. 37
  Juillet 38
  Août. 38
  Septembre. 39
  Octobre. 39
  Novembre 39
  Décembre. 40

DEUXIÈME PARTIE. — LES LÉGUMES RACINES.

Chapitre premier.

La pomme de terre 41
  Multiplication. 41

  Culture naturelle 42
  Culture forcée. 43
  Variétés. 44
  Ennemis. 47

TABLE DES MATIÈRES.

	Pages.
CHAPITRE II.	
Patate, Igname, Crosne, Topinambour, Oxalis	49
Patate	49
Igname de Chine	50
Crosne ou Stachys affinis	52
Topinambour	53
Oxalis	54

CHAPITRE III.

Raves et Navets, Choux-navets et Rutabagas, Choux-raves, Radis, Raifort sauvage	56
Raves et navets	56
Choux-navets et rutabagas	59
Choux-raves	60
Radis	61
Raifort	64

CHAPITRE IV.

Betterave, Carotte, Panais, Céleri-rave, Cerfeuil bulbeux, Persil à grosse racine	65
Betterave	65
Carotte	66
Panais	68
Céleri-rave	69
Cerfeuil bulbeux	70
Persil à grosse racine	71

CHAPITRE V.

Salsifis, Scorsonère, Raiponce, Scolyme	72
Salsifis	72
Scorsonère	73
Raiponce	73
Scolyme	74

CHAPITRE VI.

Ognon, Poireau, Ail, Échalote, Ciboule	75
Ognon	75
Poireau	78
Ail	80
Échalote	81
Ciboule	82

TROISIÈME PARTIE. — LES LÉGUMES HERBACÉS.

CHAPITRE PREMIER.

L'Asperge	83
Culture naturelle	83
Culture forcée	86
Variétés	87
Porte-graines	88
Ennemis	88

CHAPITRE II.

Les Choux	90
Chou cultivé	90
Chou de Bruxelles	95
Chou-fleur	96
Chou brocoli	98

CHAPITRE III.

Crambé, Poirée, Cardon, Rhubarbe, Fenouil	100
Crambé	100
Poirée	102
Cardon	103
Rhubarbe	104
Fenouil de Florence	105

CHAPITRE IV.

L'artichaut	107
Modes de reproduction	107
Culture	108
Variétés	109
Ennemis	110

TABLE DES MATIÈRES.

	Pages.		Pages.
Chapitre V.		Pissenlit	128
Épinard, Tétragone, Arroche,		Mâche	129
Oseille	111	Pourpier	130
Épinard	111	Cressons	131
Tétragone	112		
Arroche	113	Chapitre VIII.	
Oseille	113	Persil, Cerfeuil, Perce-pierre,	
Chapitre VI.		Moutarde, Basilic, Thym,	
Laitues, Chicorées, Céleri	115	Estragon	134
Laitues	115	Persil	134
Chicorées	120	Cerfeuil	135
Céleri	126	Perce-pierre	136
		Moutarde	136
Chapitre VII.		Basilic	137
Pissenlit, Mâche, Pourpier,		Thym	138
Cressons	128	Estragon	138

QUATRIÈME PARTIE. — LES LÉGUMES FRUITS.

Chapitre premier.		Chapitre IV.	
Courges, Concombres	139	Haricots, Pois, Fèves, Len-	
Courges	139	tilles	157
Concombres	144	Haricots	157
		Pois	161
Chapitre II.		Fèves	164
Le Melon	147	Lentilles	166
Culture naturelle	147		
Culture forcée	148		
Variétés	150	APPENDICE.	
Ennemis	152		
		I. Fraisier	167
Chapitre III.		Culture	167
Tomate, Aubergine, Piment	153	Variétés	170
Tomate	153		
Aubergine	155		
Piment	156	II. Champignon	171

Paris. — Imp. Larousse, 17, rue Montparnasse.

LIBRAIRIE LAROUSSE, 17, rue Montparnasse, PARIS

BIBLIOTHÈQUE
RURALE

Honorée de nombreuses souscriptions du ministère de l'Instruction publique et du ministère de l'Agriculture.

La BIBLIOTHÈQUE RURALE ne comprend que des ouvrages essentiellement pratiques et dépouillés, autant que possible, de tout appareil scientifique. D'un prix très modéré, imprimés et illustrés avec le plus grand soin, ces ouvrages rendront de précieux services aux personnes qui s'occupent d'agriculture; aussi le succès de cette excellente collection va-t-il croissant chaque jour.

L'Agriculture moderne, par V. Sébastian. Encyclopédie de l'agriculteur : le sol, l'air, l'eau, les amendements, les engrais, les irrigations, le drainage, les plantes cultivées, le bétail, la basse-cour, etc. In-8°, 560 pages, 700 gravures. Broché, 5 fr.; relié toile. . . . . 6 fr. 50

La Ferme moderne, traité des constructions rurales, par M. Abadie. Plans et devis, terrassements, maçonnerie, charpenterie, couvertures, ciment armé, etc. 390 grav. et plans. Broché, 3 fr.; relié toile. 4 fr.

Les Industries de la ferme, par Larbalétrier. Meunerie, boulangerie, féculerie, huilerie, etc. 160 grav. Broché, 2 fr.; relié toile. 3 fr.

Les Engrais au village, par Henri Fayet. Valeur fertilisante des engrais, leur achat, leur emploi : syndicats agricoles. Broché. . . 2 fr.
Relié toile. . . . . 3 fr.

La Basse-Cour, par Troncet et Tainturier. La poule, le dindon, le canard, le lapin, le cobaye, etc. 80 grav. Broché, 2 fr.; relié toile. 3 fr.

L'Outillage agricole, par H. de Graffigny. Charrues, machines à récolter, moteurs agricoles, etc. 240 grav. Broché, 2 fr.; relié toile. 3 fr.

Le Bétail, par Troncet et Tainturier. Le cheval, l'âne, le bœuf, etc.; races, hygiène, maladies. 100 gravures. Broché, 2 fr.; relié toile. . . 3 fr.

L'Arboriculture pratique, par Troncet et Deliège. Reproduction, taille, entretien, etc. 190 gravures. Broché, 2 fr.; relié toile. 3 fr.

La Viticulture moderne, par G. de Dubor. Établissement d'un vignoble, entretien, maladies, vinification. 100 gravures. Broché. . . 2 fr.
Relié toile. . . . . 3 fr.

L'Apiculture moderne, par A.-L. Clément. Rôle des abeilles, mobilisme, ruches, maladies, miel et cire. 130 gravures. Broché. . . 2 fr.
Relié toile. . . . . 3 fr.

Le Jardin potager, par Troncet. Légumes de France, 390 variétés, culture, récolte, maladies. In-8°, 190 gravures. Broché. . . . 2 fr.
Relié toile. . . . . 3 fr.

Le Jardin d'agrément, par Troncet. Travaux de jardinage, mosaïculture, fleurs et arbustes, etc. 150 grav. Broché. 2 fr.; relié toile. 3 fr.

Comptabilité agricole, par H. Barillot. Broché. . . . . 2 fr.
Relié toile. . . . . 3 fr.

Les Animaux de France, par Clément et Troncet. 160 gravures. Broché, 2 fr.; Relié toile. . . . . 3 fr.

Écoles et cours d'agriculture, par R. Duguay. 39 gravures.
Broché . . . . 1 fr.

Envoi franco au reçu d'un mandat-poste.

LIBRAIRIE LAROUSSE, 17, RUE MONTPARNASSE, PARIS

OUVRAGES
D'INTÉRÊT PRATIQUE

Dictionnaire Larousse. Le meilleur et le plus pratique des dictionnaires manuels. 1 464 pages, 2 500 gravures, 24 cartes, 620 locutions latines et étrangères. Revisé avec soin chaque année, le DICTIONNAIRE LAROUSSE est toujours à jour; sa vente dépasse aujourd'hui 4 400 000 exemplaires.
Cartonné, 3 fr. 50; — Relié toile. . . . . 3 fr. 90
Relié demi-chagrin . . . . 5 fr. »

Mémento Larousse. *Petite encyclopédie de la vie pratique*, contenant en un seul volume, classées méthodiquement, toutes les connaissances d'utilité journalière : grammaire, style, littérature, histoire, géographie, cosmographie, arithmétique, comptabilité, arpentage, topographie, dessin, sciences physiques et naturelles, agriculture, économie domestique, hygiène, droit usuel, couture, savoir-vivre, proverbes, renseignements sur les monnaies étrangères, la poste, etc. — Un volume in-16, 780 pages, 850 gravures, 82 cartes dont 50 en couleurs. Cartonné. . . . . 4 fr. 50
Relié toile. . . . . 5 fr. »

Dictionnaire illustré de Médecine usuelle, par le Dr GALTIER-BOISSIÈRE. Médecine d'urgence; petite pharmacie; hygiène préventive et professionnelle; hygiène curative (altitude, mer, sanatoria, massage); hygiène de l'ouïe, de la voix, de la vue; hygiène des exercices (équitation, chasse, cyclisme, etc.); accidents; empoisonnements et falsifications; régimes; eaux minérales; médecine coloniale, etc. (*Ouvrage honoré de souscriptions du ministère de l'Instruction publique et du ministère de la Guerre.*) — Un volume in-8°, 560 pages, 840 gravures, photographies, radiographies, 4 cartes, 4 planches en couleurs. Broché. 6 fr. »
Relié toile. . . . . 7 fr. 50

La Cuisine et la Table modernes. Ouvrage écrit spécialement pour la maîtresse de maison et dû à la collaboration d'hommes du métier. (*Honoré d'une souscription du ministère du Commerce.*) — Un volume in-8°, 500 pages, 600 gravures, dont 135 reproductions photographiques d'après nature. Broché, 5 francs; — Relié toile. . . . 6 fr. 50

Pour Gérer sa Fortune, par Pierre des ESSARS. Conseils pratiques sur les placements de capitaux et les assurances : les Fonds d'État, les Actions, les Obligations, les Actions de jouissance et les Parts de fondateur, les Impôts sur les valeurs mobilières, la Bourse, la Cote de la Bourse, etc. — Un volume in 8°. Broché . . . . 2 fr. 50

Les Impôts, guide pratique du contribuable, par un PERCEPTEUR. Contributions directes, taxes assimilées, centimes additionnels, taxes de remplacement, contributions indirectes, régime des boissons, etc. — Un volume in-8°. Broché. 2 fr. »

Envoi franco au reçu d'un mandat-poste.

www.ingramcontent.com/pod-product-compliance
Lightning Source LLC
Chambersburg PA
CBHW050214230526
45470CB00001B/373